€ 8,–

Signe Preuschoft — MEINE WILDEN KINDER

Signe Preuschoft

MEINE WILDEN KINDER

Ein Leben für die letzten Orang-Utans

Brandstätter

Ich widme dieses Buch allen fühlenden Wesen.

INHALT

WIE ALLES BEGANN

Dieses Buch begann ich auf meiner Terrasse in Samboja Lestari, auf der Insel Borneo, abends oder frühmorgens vor Arbeitsbeginn. Mit Blick auf Baumfarne, im grün-goldenen Schatten eines überhängenden Baums, immer begleitet von meinem Freund, dem Kater Subhuti. Gepiesakt von Stechmücken, den Rauch einer Moskitospirale in der Nase. In den Ohren das allgegenwärtige Schrillen der Zikaden. Jede Tageszeit hat ihre eigenen Laute, jede Vogelart ihren eigenen Ruf. Einer rief unentwegt „Pacet Pacet Pacet" – im Indonesischen bedeutet das Blutegel. Morgens sang ein Gibbon. Gegen Abend kamen juwelenglitzernde Nektarvögel. Im Dunkeln machten Stachelschweine Krach beim Essen oder gingen nadelklickend auf eifrigen Füßen vorbei. Ich saß ganz still da und schrieb weiter, während im Land mal wieder die Feuer wüteten, teils sogar auf dem Gelände der Auffangstation, gelegt von Anrainern, die das Land beanspruchen. Wir husteten uns durch drei Monate und hatten rußgeschwärzte Fußsohlen vom Barfußgehen in Innenräumen. Nach fünf Jahren Gemeinschaft verschwand Subhuti. Vermutlich von einer Python gegessen.

Wie war ich dort hingekommen? Ich bin 1960 geboren – ein guter Jahrgang. In Deutschland ließ man den Mief der 1950er Jahre hinter sich, begann gerade das Trauma des Zweiten Weltkriegs zu überwinden. Es war eine verspielte, frühlingshafte Aufbruchszeit, in der die wahre Entnazifizierung begann und die geistige Abrüstung von heftigen Generationenkonflikten begleitet war. Die Welt öffnete sich langsam wieder.

Das ist der Hintergrund, vor dem ich meine jungen Eltern heute sehe. Meine Mutter, die mich in dem Bewusstsein erzog, dass nichts meine Fähigkeiten übersteigen kann, bloß, weil ich eine Frau bin. Sie verlangte Chancengleichheit und unterstützte mich darin. – Sie werden übrigens feststellen, dass ich beim Schreiben nicht „gendere", ich halte das für verkrampft. Wir sollten uns daran gewöhnen, dass z.B. hinter normalen Berufsbezeichnungen in der maskulinen Form gleichermaßen Frauen stehen können. Viel lieber gebe ich mit meinem Leben eine klare Stellungnahme ab als mit uneleganter und leserunfreundlicher Sprache. Also Mädchen, liebe Geschlechtsgenossinnen! Wenn ihr ein freies Leben wollt oder einen interessanten herausfordernden Beruf: Lebt es einfach! Der Wind wird euch ordentlich ins Gesicht blasen, da könnt ihr sicher sein. Aber ihr könnt das! – Meine Mutter schenkte mir diese Selbstverständlichkeit, und dafür bin ich ihr sehr dankbar.

Mein Vater erforschte und lehrte über die Ursprünge des Menschen an der Universität Tübingen. Damals war die Welt noch ein natürlicherer Ort, die Flurbereinigung noch nicht abgeschlossen. Es gab frei strömende Bäche, oben am Hang begann der Schönbuch, ein magischer Wald. Mein Vater war wissbegierig und respektvoll gegenüber allem, was da kreucht und fleucht. Auf unseren vielen Ausflügen teilte er mit endloser Geduld sein stets wachsendes Wissen mit mir. Einmal, als ich grade Laufen konnte, fanden wir einen Bombardierkäfer. Er nahm den riesigen, bepanzerten Käfer auf, um ihn mir zu zeigen. Ich hockte neben ihm, während er ihn auf seiner Handfläche umdrehte, mit offenem Herzen, offenem Geist und … offenen Augen. Der Käfer feuerte. Direkt in meine Augen. Aus meiner schmerzwirren Erinnerung springt ein „Warum?“, weshalb betrachtete der Käfer mich als Feind, wo wir doch nur die besten Absichten hatten? Später gestand mir mein Vater, seine größte Sorge sei gewesen, ich würde eine bleibende Angst oder Abneigung gegenüber Tieren oder zumindest Käfern zurückbehalten. Nichts lag mir ferner. Was ich dabei lernte, war, mich in andere hineinzuversetzen.

Zu dieser Erziehung leistete später noch ein Pony einen Beitrag, und dann vor allem die Katzen: Manchmal ist jemand einfach nicht daran interessiert, mit mir in Kontakt zu treten, egal wie sehr ich das ersehne. Ich lernte die Zeichen zu lesen und ihnen einen Ausweg zu lassen, damit sie sich nicht bedrängt fühlten und mich verletzten, nur weil ich zu dickfellig und egozentrisch war, um zu verstehen, was sie wollten. Mir ging es ja genauso! Achtung, Nicht-Stören und ein nicht endendes Interesse an den stillen Dingen, die nicht so ins Auge springen – das ist mein Credo geworden. Ich möchte verstehen, mich in andere hineinversetzen.

Es war unausweichlich, dass ich Verhaltensforscher wurde, doch zuerst nahm ich einen Umweg und studierte Psychologie. Auch Philosophie. Letzteres war keine so gute Idee, zu verstaubt. Nur die analytische Philosophie des Geistes leuchtete mir ein und Werke wie Thomas Nagels „Wie ist es, eine Fledermaus zu sein?" zupften an der richtigen Saite in meiner Seele. Doch der Gedanke, mein Leben in Forschungslabors und an Schreibtischen zu verbringen, bewirkte, dass mein 22-jähriges Selbst förmlich dahinwelkte und sich vor Verzweiflung krümmte. Was war mit all den interessanten Wesen dort draußen? Dem Wald, seinen Gerüchen? Den Magnet-Bakterien? Dem Schlüsselreiz, der das Kopulationsverhalten von Truthähnen auslöst? Wollte ich nicht die Welt verändern? Ich beriet mich mit meinem Vater. Ökologie wollte ich studieren, das Waldsterben verhindern. Einfühlsam überzeugte er mich, es sei besser, zuerst das Alte abzuschließen, bevor man etwas Neues beginnt. Ich willigte ein, mein Psychologie-Studium zu Ende zu bringen und stürzte mich auf die Tierpsychologie, in Sprachpsychologie wählte ich die Sprachexperimente mit Menschenaffen als Spezialgebiet. Anschließend wechselte ich in die Zoologie und nach Utrecht, um über Lachen und Lächeln bei Affen zu promovieren. – Mein Werdegang war schon damals unkonventionell. Ich bin meinen Lehrern Juan Delius, Hans Hörmann, Heinz Heckhausen und vor allem Jan van Hooff zu unendlichem Dank verpflichtet – sie haben mich inspiriert und mir auf meinem Weg sehr weitergeholfen. Ein Querfeldein-Weg, der oft drohte, durch Nicht-Zugehörigkeit in Sackgassen stecken zu bleiben. Ein Grenzgänger zwischen den Disziplinen wurde ich, mal mit beiden Beinen in der Biologie, dann wieder zurück in der Psychologie, mit Abstechern in die Anthropologie und sogar Flirts mit der Philosophie. Ich wusste mit zwanzig nicht, was ich werden wollte. Ich ging einfach los: aufgeschlossen, wissbegierig, und ließ mich ein auf Tiere, Fragestellungen und Diskussionspartner, die mir begegneten.

Am Affenberg Salem hatte ich als Verhaltensforscher das Paradies auf Erden gefunden. Meine Aufgabe war es, den ganzen Tag unter Berberaffen zu verbringen und zu beobachten und aufzuzeichnen, was sie taten. Ich durfte nicht mit ihnen interagieren, sie in keiner Weise beeinflussen. Ich musste praktisch zum Baum werden. Als Ethologe führt man ein seltsames Leben, wie ein Völkerkundler vielleicht oder ein Reporter: Man ist immer dabei, nimmt aber nicht teil. Man bleibt ein Außenseiter, obschon man seine Umwelt mit offenen Poren aufnimmt, förmlich einsaugt. Idealerweise ist man unvoreingenommen, urteilt nicht und ist vollkommen gleichmütig. Um ein guter Beobachter zu werden, muss man sich zunehmend seiner Gedanken bewusst werden. Man hat natürlich weiterhin Gedanken, Ideen, Interpretationen, Gefühle – Amüsiertheit, Empörung, Mitleid –, aber man wird sich ihrer bewusster und lernt sie als Arbeitshypothesen zu betrachten – und jederzeit wieder über Bord zu werfen. Es ist eine Haltung neugieriger Bescheidenheit. Ein gläsernes Bewusstsein, bei dem man fortwährend das Glas sauber hält und weiterpoliert. Und irgendwann ist einem etwas zugewachsen, da fühlt man tief innen, wie es sein muss, ein Berberaffe zu sein.

Es kam der Moment, wo ich vorhersagen konnte, was gleich zwischen ihnen geschehen würde. Ich erinnere mich an einen kalten Wintertag. Seit dem Morgengrauen war ich im Freigehege am Bodensee Berberaffen gefolgt und hatte sie beobachtet. Nun wurde es Abend und sie bezogen allmählich, mit der üblichen Unruhe und den sozialen Regelverstößen im Schutze der Dämmerung, ihre Schlafbäume. Ich war steif und kalt und voll von Affenbildern und sagte innerlich zu ihnen: „Okay Leute, jetzt könnt ihr eure Kapuzen abstreifen, ich kenn euch ja eh.“ Über mich selbst verblüfft, fühlte ich das Grinsen in meinem kalten Gesicht. Ich hatte ernsthaft, für einen Augenblick lang, erwartet, dass sie nun ihre Fellkapuzen zurückstreifen und mir ihre menschlichen Gesichter darunter offenbaren würden. Wie eine Frau, die man nur mit Jilbab kennt und eines Tages bei sich zu Hause mit offenem Haar sieht. Jahre später las ich eine buddhistische Anweisung: Wer Bambus zeichnen möchte, muss Bambus werden.

Nach meinem Postdoc in den USA wollte ich endlich Feldforschung betreiben, am liebsten in Uganda. Ich war bereits dort gewesen, hatte an der Seite von David Watts wilde Schimpansen der Ngogo-Gruppe beobachtet. Ein Traum würde sich erfüllen. Da kam, 2001, ein Anruf aus Österreich. 46 ehemalige Labor-Schimpansen sollten pensioniert werden. Ich sei als Spezialist für Sozialverhalten und Schimpansen empfohlen worden. Diese Schimpansen müssten resozialisiert werden, denn sie seien seit den 1970ern in Einzelhaft gehalten worden. In der Presse sei zu lesen, dass es menschlicher wäre, diese „AIDS-Affen“ zu euthanasieren. Sie seien zu geschädigt, sie würden einander umbringen, hieß es. Es ist nicht leicht, Schmeicheleien zu widerstehen, noch schwerer, einen Hilferuf zurückzuweisen. Ich ließ mich auf ein Vorstellungsgespräch ein – zwischen mir und den Labor-Schimpansen, noch in ihren Einzelkäfigen im Labor. Sie überzeugten mich mit ihrer offenkundigen Entschlossenheit, jede Chance auf ein besseres Leben, auf Freundschaft zu erhaschen und auch zu nutzen.

Es war wohl etwas naiv zu glauben, ich könne ein, zwei Jahre erübrigen und den Affen etwas zurückgeben, Gutes tun und dann wieder mein Leben als Wissenschaftler aufnehmen. Wir übersiedelten die Schimpansen und begannen geduldig, mit kontrollierten Zweierbegegnungen, sie miteinander bekannt zu machen. Atemberaubend war, wie sie mitarbeiteten. Wir verbrachten Tage in größter Konzentration, immer wieder blieb einem schier das Herz stehen und klopfte zugleich wild in der Kehle. Wir sahen Begegnungen – so rührend, dass uns die Tränen herunterliefen. Wie bei der Maueröffnung in Berlin oder in Korea. Es gelang uns, praktisch ohne größere Verletzungen nahezu alle Schimpansen in

Gruppen zu integrieren. Dann geriet das Projekt in Konkurs. Fünf Jahre arbeiteten wir weiter, mit vollkommen ungewisser Zukunft und in einem oft feindseligen Umfeld. So ein Projekt ist sehr teuer, es ist der Unterhalt der Schimpansen, der so kostspielig ist. Sie können über 50 Jahre alt werden. Damals waren sie zwischen 20 und 30 Jahre. Im sechsten Jahr wurde ich gefeuert, man brauche mich nicht mehr, die Resozialisierung sei abgeschlossen. Ich machte mir entsetzliche Sorgen, wie es mit den Schimpansen weitergehen würde, sie waren noch so fragil und hatten noch einen Menge zu lernen. Mir war nur allzu bewusst, dass immer wieder über ihre Euthanasie nachgedacht wurde, ob „man" das in der Öffentlichkeit durchstehen würde. Ich konnte kaum glauben, dass mitten in Europa im 21. Jahrhundert derart barbarische Überlegungen angestellt wurden. Doch es war wahr. An einem Frühlingstag, als draußen die Linden blühten, wurde ich mit der Möglichkeit konfrontiert, dass alle Schimpansen getötet werden könnten. Meine Patienten, die vor Jahrzehnten als Kinder ihren Müttern und ihrer afrikanischen Heimat entrissen worden waren, um in geistzerrüttender Einsamkeit in der Impfstoffforschung ausgeliefert zu dienen, die erlebt hatten, wie ihre Nachbarn dabei zugrunde gingen, die Jahrzehnte in Angst und ungekannten Sehnsüchten verbracht und endlich ein eigenes Leben, ein wenig Selbstverantwortlichkeit und Freunde gefunden hatten. Ich fragte mich, ob es nicht humaner wäre, wenn wir sie heimtückisch selber töteten, ohne dass sie es kommen sähen, anstatt sie von einer einmarschierenden Gewalt schießen oder gefangen nehmen zu lassen.

Diese Erfahrung hat mich verändert. Der Duft von Linden ist heute intensiver und zugleich irreal. Es war eine gute Vorbereitung auf die Arbeit in einem Menschenaffenheimatland: Und keiner werfe den ersten Stein! Es war auch eine Lektion im Loslassen. Wieder einmal. Lieben ohne Festhalten. Ohne Liebe kein Einfühlen. Nur mit Einfühlung kann man Affen verstehen. Verstehen aus Freude an ihrer bloßen Existenz oder Verstehen, um ihnen zu helfen. Die Arbeitsweise des Verhaltensbeobachters mit ihrer offenen Wachheit und Zugewandtheit, mit dem Sich-selbst-Zurücknehmen ist eine exzellente Vorbereitung auf die Arbeit als Affen-Therapeut oder Affen-Kinderpsychologe. Zöglinge und Patienten darf man nicht festhalten, nicht brauchen, keine Gegenliebe erwarten. Aber sie lieben einen zurück! Und das ist eine große Versuchung, der man niemals erliegen darf. Jede Art von egoistischer, besitzergreifender Liebe ist ein Vorstoß gegen ihre Interessen. Und nun bin ich hier: rehabilitiere Orang-Utan-Waisen, damit sie wieder in Freiheit leben können.

Mit diesem Buch möchte ich meinen Lesern diese Anderswelten öffnen, die hier so mitten unter uns sind. Dort, wo es still ist, in den Zwischenräumen. Ich habe das unglaubliche Privileg, mit Affen Umgang zu haben, sogar zaunlosen, aber nicht ohne Grenzen. Dieses Buch soll eine Brücke sein, die ermöglicht, diejenigen besser zu verstehen, die uns so ähnlich sind und doch ganz sie selbst.

Im ersten Kapitel berichte ich über die Familienbeziehungen unter den Menschenaffen. Ich stelle die Gemeinsamkeiten und die Unterschiede dar, vor allem im Sozialverhalten und im Fortpflanzungssystem, und bemühe mich, den Blick zu schärfen für die feinen, doch wichtigen Unterschiede, die trotz der gemeinsamen Evolution zwischen den verschiedenen Menschenaffen – von denen wir Menschen ja nur einer sind – bestehen.

Kapitel zwei handelt von der drohenden Ausrottung unserer Verwandten durch die wirtschaftliche Entwicklung ihres menschlichen Cousins. Da ist es schwer, nicht alle Hoffnung zu verlieren. Meine Probeleser fanden mich in diesem Kapitel „abwesend“. Aber darstellen musste ich diese komplexen Tatsachen doch.

Optimistischer ist das dritte Kapitel, in welchem ich von Menschen berichte, die einfach helfen und versuchen, das Unrecht wieder aus der Welt zu schaffen, das Angehörige unserer Art – die ja zur Moral befähigt ist – begangen haben. Und zwar indem sie

Tierwaisenkinder retteten, aufzogen und wieder in die Freiheit entlassen wollten.

Damit das aber gelingen kann, müssen diese Waisen rehabilitiert werden, also das lernen, was ihnen normalerweise ihre Mutter beigebracht hätte. Das ist schon bei stärker von Instinkten gesteuerten Tieren wie Katzen nicht einfach, aber bei lernbedürftigen, psychisch komplexen Menschenaffen muss man sich schon mit dem Lebenszyklus und der normalen Kindesentwicklung befassen, damit man versteht, was bei Waisen falsch laufen kann. Hier begegnen wie erneut dem Spiegelkabinett der Ähnlichkeiten unter den Menschenaffen und erfahren, wie wichtig es ist, dass wir unsere Vettern nicht auf einen falschen, einen zu menschlichen Weg locken, auf dem sie unweigerlich in eine Sackgasse geraten werden.

Welche Fortschritte im Laufe der Jahre mit den Rehabilitierungs- und Wiederauswilderungsprogrammen für Orang-Utans gemacht wurden, schildere ich im fünften Kapitel. Wenn vollkommen unabhängige Projekte die gleichen Probleme entwickeln, lohnt es sich, genauer hinzusehen und sich nicht mit Besserwisserei aufzuhalten. Ich beschreibe in diesem Abschnitt auch, wie bedrückend sich die Habitatzerstörung auf das Leben von einzelnen bereits geretteten Orang-Utans auswirkt und wie wir fortlaufend daran arbeiten, die Versorgung und Betreuung der Menschenaffen zu verbessern.

Die Diskrepanz zwischen der Situation in den Menschenaffenheimatländern mit der Anonymität des Genozids und der in den reichen Ländern, wo die Gefangenschaftsbedingungen von Einzelnen zunehmend thematisiert wird, ist Thema des sechsten Kapitels. Sind Menschenaffen *Personen*? Seit wann werden fremdartige Menschen als *Personen* betrachtet? Wenn Menschenaffen als *Personen* zu behandeln sind, was folgt dann daraus in der Praxis?

Im letzten Kapitel bemühe ich mich, den Begriff des „Vermenschlicht-Seins“ zu entwirren und versuche mich an einer Menschenaffen-Pädagogik. Ich führe Erkenntnisse aus der

Gefangenschaftshaltung von Menschenaffen in Versuchslabors oder Zoos mit den Praktiken in Rehabilitierungsprogrammen zusammen und halte ein Plädoyer dafür, dass der Tiertherapeut im Einklang mit evolutionär entstandenen Neigungen weiter kommt, als wenn er – und sei es aus Versehen – gegen sie arbeitet.

Alle Kapitel sind von konkreten Beispielen eingerahmt, mit denen ich das Erklärte illustrieren und einfach auch einen Geschmack vermitteln möchte, wie sich diese Art Arbeit anfühlt und wer mir dabei so alles begegnet ist. Bewusst lasse ich den Leser dabei durch meine Augen sehen und bemühe mich nicht um eine vollkommen objektive Darstellung. Die Malerei, so sagte Picasso, ist eine Lüge, mit der man die Wahrheit erzählt. Ich bin bei der Wahrheit geblieben, bekenne mich aber klar zur Subjektivität. Insofern ist dieses Buch zwar in der Wissenschaft gegründet, zeigt aber eher dieses Wissen in Aktion, als Werkzeug in meiner Hand. Eine andere Hand wird dieses Werkzeug anders gebrauchen.

1

BEGEGNUNG MIT DEM WALD

Drei Monate waren vergangen, als ich während der Fastenzeit Ramadan in den Wald zurückkehrte. Im Frühjahr 2012 hatten wir in Kehje Sewen, dem Auswilderungsgebiet der BOS Foundation, sechs Orang-Utans freigelassen: vier Weibchen – Lesan, Casey, Berlian und Abbie, und zwei Burschen – Mail und Hamzah. Ich war ungeheuer neugierig, wie die Orang-Utans und ihre Betreuer sich in der Wildnis eingerichtet hatten. Unsere Partnerorganisation BOSF hatte die Regeln für das Beobachten der Orang-Utans (PRM) geändert: Die frisch ausgewilderten Orang-Utans sollten nun nur noch alle zwei Wochen zwei bis drei Tage lang ganztägig beobachtet werden. Dazwischen sollten die Orang-Utan-Hüter nur von den in den Wald geschlagenen Pfaden aus versuchen, sie zu lokalisieren. Meine Sorge war, dass sich unsere Neuankömmlinge außerhalb dieses Gebiets herumtreiben und verlorengehen könnten, wenn wir ihnen nicht auf den Fersen blieben. Andererseits bestand die Gefahr, dass sie sich zu eng an die Beobachter anschließen würden, wenn sie diese jeden Tag um sich hätten. Die intensive Beobachtung ist natürlich teurer, aber hierfür hatte mein Arbeitgeber, die Tierschutzorganisation Vier Pfoten, bereits die Verantwortung übernommen – es lag also an uns, das in der Praxis bestmöglich zu organisieren.

Trotz des Fastens hatten die inzwischen schon etwas versierteren Orang-Utan-Hüter weiter Orang-Utans geortet und bis zu den Feiertagen am Ende des Ramadan hatte ich bereits Casey und Berlian beobachtet. Wir begingen Eid al-Fitr, das Fastenbrechen, im Urwald mit einem Festschmaus, sauberen Kleidern und einem Berg von Plätzchen, die wir geschenkt bekommen hatten. Am Tag danach waren, leicht verspätet, mit einen Mal Hamzah und Mail eingetroffen, als wollten auch sie die Feiertage im Kreise der Familie verbringen, obwohl sie nun schon „aus dem Haus“ waren und in der Ferne herumstreiften. Was mir nun noch fehlte, war eine Begegnung mit Abbie, die in den ersten Tagen direkt nach ihrer Auswilderung verschwunden war und nie wieder gefunden wurde, so wie Lesan.

Ich beschließe, die anderen nicht in ihrer Feiertagslaune zu stören und breche kurz nach neun Uhr morgens auf, allein, aber zuversichtlich. Nachdem ich das Empfangsgerät zusammengesetzt habe, lausche ich auf Telemetrie-Signale unserer Orang-Utans. Jeder hat seine eigene individuelle Frequenz. Aha. Mail ist wieder unten am Fluss, aber weiter entfernt als gestern. Hamzah ist noch auf dem Berg, wo Tyo ihn gestern verlassen hat. Es drängt mich, ihn noch einmal zu besuchen, aber ich möchte Lesan sehen. Kein Signal von Abbie. Ich lasse das Gerät im Empfangsmodus und gehe weiter. Nach einer Weile habe ich gar keine Signale mehr. Dann ein Signal von Berlian. In der kleinen Lichtung am Ufer des Flüsschens Belah empfange ich immer noch Berlians Signal und jetzt, ziemlich deutlich, das von Lesan. Es kommt von links, wo der *Belah* in den größeren *Telen* mündet. Ich kämpfe mich durch das Unterholz und finde mich an einem Steilhang wieder, dem linken Ufer des tief eingeschnittenen Flüsschens Belah. Das Gelände hier ist sehr felsig und extrem glitschig.

Wie soll ich bloß diesen steilen Abhang runterkommen? Schwierig, selbst wenn ich es schaffte, wie würde ich dann wieder hochkommen? Bei Regengüssen schwellen die Flüsse hier in kürzester Zeit enorm an. Umkehren? Ich finde eine Furt und versuche, am anderen Ufer aufzusteigen. Es ist ebenso steil und – wenn überhaupt möglich – noch dichter bewachsen. Also zurück auf die Kuppe. Heute bin ich müde. Ich setze mich auf eine einladend verzwirbelte Kletterfeige, hänge die Antenne über mir ins Gewirr und lasse den Empfänger an, um Lesans Signale hören zu können. Dann trinke ich fast mein gesamtes Wasser. Zum Essen habe ich etwas Knäckebrot mit Plastikkäse (den ich normalerweise nicht anrühre) und ein paar Datteln. Nach einer kurzen Pause nehme ich die Suche erneut auf. Ich bewege mich sparsam und nutze meine Sinne und mein Hirn mehr als früher. Immer wieder setze ich mich hin und lausche, achte auf verräterische Bewegungen in den Baumkronen oder herabfallendes Geäst. Am Boden suche ich nach Obstschalen oder massakrierten Rattan- und Ingwerpflanzen. Erst gestern waren wir gedankenlos an durchgekauten Ingwerfasern auf der Straße vorbeigegangen, bis wir die Signale von Hamzah und Mail empfingen. Aber von Lesan ist nichts zu hören oder zu sehen.

Ich bemerke Schnittspuren von Buschmessern. Baumstämme sind mit Lianen zusammengebunden. Jäger, befürchte ich. Ich halte an, drehe mich mit erhobener Antenne langsam und spitze die Ohren, um Unterschiede in der Signalstärke auszumachen. Ich kann mich kaum entscheiden, ob der Signalton voraus stärker ist oder eher der von rechts kommende. Am Ende des Hangrückens steige ich ein paar Meter ab, halte inne und lausche wieder. Doch wie ich so dasitze, entströmt dem Tal eine Freundlichkeit. Einladend. Ich entdecke einen toten Baum, über und über bedeckt von weißen und dunkelbraunen Pilzen, wunderschön! Und mit einem Mal öffnet sich mir das Tal, heißt mich willkommen und der Abstieg entrollt sich vor mir wie im Märchen. Das Gehen wird mir leicht und mühelos. Unten umschmeichelt der erdige Duft des *sungai belah* meine Nase.

Das Signal scheint von der anderen Bachseite zu kommen. Als ich den Bach überquert habe, scheint das Signal wiederum von der Gegenseite zu kommen. Ich bin verunsichert und blicke zurück. Moosbedeckte Felsen säumen den Fluss. Wie so oft, muss ich dem Fluss einfach folgen, wenigstens bis zur nächsten Biegung. Dort weitet sich das Bett zu einem stillen Becken, wie ein See. Ich klettere über Felsen und finde eine regelrechte Klamm, durch die das Wasser sich wild brodelnd ergießt. Aufregend. Von der Wand muss vor kurzem ein riesiger Felsbrocken abgebrochen sein, doch er ist nirgends zu sehen. Plötzlich kommt mir dieser Ort trotz des hellen Sonnenlichts unheimlich vor. Ein paar Schritte und ich sehe flussaufwärts die Felsen den Fluss einfangen wie ein Trichter und in die Klamm zwängen. Entzückt filme ich das wild durch die Schlucht sprudelnde Wasser, wie es flussab glitzernd in das Becken strömt und hüpfend in eine von Blättern beschattete sonnengesprenkelte Ferne enteilt.

Verzaubert drehe ich mich um und sehe hinter mir die kleine Rattanpalme. Sie hat einige Triebe an einen Orang-Utan verloren. Ha! Mein Herz schlägt schneller. Dann sehe ich die Blätter. Im Schoß des Ufers, geschützt durch einen Felsen, sind frische grüne Blätter ausgelegt. Zehn Zentimeter über dem Wasserspiegel des Beckens bilden sie einen kreisförmigen Platz. Was für ein zauberhaftes Plätzchen. Ich sehe die nackten Stängel, von denen ein Orang-Utan mit einer Handbewegung alle Blätter abgestreift hat. Mein Herz scheint zu schweben. Ich freue mich darauf, diejenige wieder zu treffen, die die Schönheit dieses Ortes zu genießen weiß. Haben Orang-Utans ein Empfinden für die Reize einer Landschaft? Ich wüsste wirklich keinen anderen Grund, warum jemand sonst an dieser Stelle einen Sitz zum gemütlichen Verweilen geschaffen haben sollte. Sicher nicht, nur um einen kleinen Rattanschössling zu ernten.

ROTHAARIGE VETTERN

Schon immer haben mich Vergleiche zwischen Tierarten fasziniert. Wenn man nahe verwandte Arten vergleicht, erlebt man immer wieder ein gewisses belustigtes Staunen: Ah! Ja klar, so kann man das natürlich auch machen. Variationen über ein Thema. Haben Sie sich schon einmal überlegt, wie es kommt, dass wir manchmal lächeln, ohne das kleinste bisschen amüsiert zu sein? In „Taxi Driver“ gibt es diese Szene, wo Travis, grandios dargestellt von Robert de Niro, in seinem Taxi sitzend von Gangstern bedroht wird. Er grinst beschwichtigend und macht sich schnellstens davon.

Wenn Sie das Foto betrachten, wo ich mich mit dem Orang-Utan-Kind über Nasenformen austausche, dann sehen Sie Lächelfältchen um die Mundwinkel des Orang-Utans. Im Rahmen meiner Doktorarbeit habe ich mich mit der Evolution von Lachen und Lächeln beschäftigt. Man wusste damals bereits, dass auch andere Affen als nur Menschenaffen diese Gesichtsausdrücke verwenden. Wichtig für unsere Überlegungen zur Aufzucht von Orang-Utan-Waisen durch Menschen ist zu wissen, dass, was denselben Ursprung hat, nicht zwangsläufig bei verschiedenen Affen auch dieselbe Bedeutung hat. Beispielsweise haben alle Makaken ein Lächeln in ihrem Verhaltensrepertoire, aber dieses homologe Signal hat bei verschiedenen Makaken-Arten unterschiedliche Bedeutung. Bei einigen ist es ein Ausdruck purer Höflichkeit und kann auch zur Beschwichtigung eingesetzt werden. Aber bei anderen Arten drückt es freundliche Gesinnung aus und wird zum Beispiel gern von Älteren gegenüber Kleinkindern und Babys verwendet. Makaken unterschiedlicher Arten, die miteinander in einer Gruppe aufwuchsen, können lernen, einander zu verstehen und zu mögen – wie Katzen und Hunde –, aber sie behalten ihre eigene „Sprache“ bei und lächeln nur in Situationen, in denen alle ihre Artgenossen ebenfalls lächeln, nicht in denen, in denen ihre artfremden Freunde lächeln. Wir müssen also vorsichtig sein, wenn wir Vertrautes, ja sogar gemeinsames stammesgeschichtliches Erbe in anderen Menschenaffen wiedererkennen. Es ist gleich, das stimmt – aber ist es in allen Einzelheiten dasselbe? Wenn es aber nicht dasselbe ist, kann das zu schlimmen Missverständnissen führen. In der Sprache der Stammesgeschichtler nennt man so etwas *parallele* Entwicklungen.

Warum Menschen zuweilen lächeln, obwohl sie total verschreckt sind, lässt sich aus der Evolutionsgeschichte verstehen: Das Lächeln begann seine Karriere als Signal vermutlich damit, dass es eine Vorbereitung aufs Schreien war. Man öffnet schon mal den Mund und zieht die Mundwinkel und Lippen zurück, gibt aber noch nicht Laut. In die Enge getrieben, schrie unser Vorfahre angstvoll und das zeigte seinem Feind, dass er es gut sein lassen konnte. Die Einschüchterung war gelungen. Über Generationen hat es gereicht, nur zum Schreien anzusetzen und der Gegner konnte sich gewiss sein, dass der, der eben die Zähne stumm entblößt hatte, klein beigeben würde. Von da ist es nicht mehr weit zu einer Geste der Unterwerfung, des höflichen „Bitte nach Ihnen". Nur bei Arten, bei denen Hierarchie keine alles überragende Bedeutung hatte, emanzipierte sich das Lächeln von einem Zeichen sozialer Verbindlichkeit zu einem Ausdruck sozialer Verbundenheit. Solche Arten findet man auf unterschiedlichem stammesgeschichtlichem Niveau, unter den Sulawesi-Makaken zum Beispiel, und unsere Vorfahren haben offensichtlich auch dazugehört. Wir haben unseren Hang zum Despotismus wohl erst mit dem Übergang zur Vorratswirtschaft entwickelt, wohingegen die Jäger-Sammler-Völker noch sehr egalitär gelebt haben dürften.

Durch Artenvergleiche wird also verständlich, warum Robert de Niro Gangster anlächelt, obwohl er Furcht, nicht Belustigung empfindet. Man kann aus der Vergangenheit sehr viel Gegenwärtiges erklären. Zu wissen, wie es zu etwas gekommen ist, schafft neue Dimensionen von Verständnis und Einsicht. Anekdoten und Erlebnisberichte über das Leben aus dem Urwald sind vielleicht kurzweilig, für ein tieferes Verständnis jedoch, das über das oberflächlich Bizarre, Andersartige oder das Abenteuerliche hinausgeht, ist es hilfreich zu wissen, wie wir uns entwickelt haben. Ich möchte Sie daher zuerst auf eine Zeitreise mitnehmen und Sie dabei mit der Lebensweise unserer behaarten Vettern bekannt machen.

Die Stammeslinie der Menschenaffen (Hominide) lässt sich bis ins Miozän, also in die Epoche vor ca. 23–5 Millionen Jahren, zurückverfolgen. Mit dem Untergang der Saurier als beherrschender Ordnung begann die Auffächerung der Säugetiere. Insektenesser wie die heutigen Spitzhörnchen (Tupaia) waren vermutlich die Vorfahren der Affen, wissenschaftlich Primaten genannt. Die heute lebenden sogenannten Halbaffen stellen den urtümlichsten Typus von Primaten dar. Halbaffen haben einen feuchten Nasenspiegel, wie wir ihn von unsren Haustieren kennen. Diese unbehaarte, mit Schleimhaut überzogene Nasenspitze transportiert Geruchsstoffe auf direktem Wege vom Jacobsonschen Organ ins Gehirn. Geruch und Geschmack sind entsprechend wichtige Informationsquellen für Tiere mit feuchtem Nasenspiegel. Eine bemerkenswerte Stellung nehmen die Tarsier ein. Sie zählen zu den Halbaffen, haben aber eine normale, außen trockene Affennase. Wie wir.

Es ist ein weiter Weg von diesen altertümlichen Affenformen bis hin zu den heutigen Menschenaffen. Zeugnisse von deren Existenz finden wir vor allem in Form von Zähnen. Aus diesen kann man auf die Köpergröße dieser Menschenaffen und auf ihre Ernährungsgewohnheiten schließen. Die meisten Affenarten ernähren sich vorwiegend, aber keineswegs ausschließlich, vegetarisch. Die Menschenaffen des Miozäns hatten überaus harten Zahnschmelz, der es ihnen ermöglichte, harte oder zähe Nahrung zu sich zu nehmen. Sie haben alle über 10 Kilo gewogen, waren also schon relativ groß, die meisten werden um die 30 Kilo geschätzt. Von der Körpergestalt her kann man aus wenigen Fragmenten ableiten, dass sie wohl eher noch wie normale „Tieraffen“ gebaut waren, also mit etwa gleich langen Armen und Beinen, wenn auch schon ohne Schwanz.

Evolution der Menschenaffen

Die Wiege der Menschenaffen stand zweifellos in Afrika, doch bereits vor 13–9 Millionen Jahren hatten sich verschiedene Menschenaffenarten im zunächst noch subtropischen Europa über den Mittelmeerraum bis hin nach Asien verbreitet. Allmählich setzte allerdings eine Abkühlung des europäischen Klimas ein, die subtropischen Wälder verschwanden und ein stärker durch Jahreszeiten bestimmtes Klima mit laubwerfenden Bäumen setzte ein. Viele dieser miozänen Menschenaffenarten, wie auch viele andere Tiere, konnten sich nicht anpassen. Eine Ausnahme war Ouranopithecus, den wir vielleicht lieber Urahnopithecus nennen sollten, denn er war wahrscheinlich einer unserer direkten Vorfahren, einer, den wir noch mit den heutigen afrikanischen Menschenaffen teilen, nicht aber mit den Orang-Utans.

Orang-Utans waren die ersten großen Menschenaffen, die eigene Wege gegangen sind. Ihre Stammeslinie, die der Pongiden, hat sich von der der afrikanischen Menschenaffen (Mensch, Schimpanse, Gorilla) vor etwa 14 Millionen Jahren getrennt, das bedeutet: Menschen sind Menschenaffen. Neuere genetische Untersuchungen deuten darauf hin, dass das auch weniger lange her sein könnte. Demnach hätten sich die Linien der heutigen Orang-Utans und der afrikanischen Menschenaffen erst vor 10 Millionen Jahren getrennt, Gorillas und Schimpansen-artige vor 5 Millionen und Menschen und Schimpansen vor etwa 3 Millionen Jahren. Fossilienfunde weisen darauf hin, dass sich die Stammeslinie der Schimpansenartigen vor nicht mehr als 5 Millionen Jahren in (Vor-)Menschen und die Vorfahren der heutigen Schimpansen (Bonobos und „gewöhnliche“ Schimpansen) aufgespalten hat. Man darf sich diese Früh-Menschen durchaus schimpansenhaft vorstellen. Zahlreiche Ähnlichkeiten, nicht nur in

Hinblick auf die Körpergestalt, die Genetik und die Physiologie, sondern vor allem auch in Bezug auf Sozialverhalten und Psyche weisen auf diese enge Verwandtschaft hin.

Wenn wir nun Menschen, Schimpansen und Orang-Utans vergleichen, zeigen sich interessante Unterschiede, aber auch viele wichtige Gemeinsamkeiten. Besonderheiten aller Menschenaffen und Besonderheiten, die von Schimpansen und Orang-Utans gegenüber anderen Affenarten geteilt werden, sind sehr wahrscheinlich Merkmale, die bereits den gemeinsamen Vorfahren aller Menschenaffen kennzeichneten (homologe Merkmale, Synapomorphien).

Stammesgeschichtliche Gemeinsamkeiten der großen Menschenaffen: Schwerpunkt Verhalten

Alle nicht-menschlichen Menschenaffen haben, relativ zur Körperlänge und relativ zu ihren Beinen, sehr lange Arme. Hier sind also Menschen – mit ihren überlangen Beinen – die Ausnahme. Das hat natürlich mit der Spezialisierung auf zweibeiniges Gehen zu tun. Aber auch die anderen Menschenaffen, Gibbons eingeschlossen, gehen gern einmal zweibeinig, besonders wenn sie etwas tragen. Dazu benutzen sie ihre Hände. Sobald sie ruhen, halten sie den Oberkörper aufrecht: Sie sitzen und hantieren, sie mani-pulieren. Menschenaffen haben praktisch das gleiche Sehvermögen wie Menschen – nur besser. Ebenso verhält es sich mit den anderen Sinnen. Und wie bei uns ist auch bei ihnen das Sehen gegenüber dem Riechen klar dominant. In puncto Intelligenzleistungen scheinen Orang-Utans den Schimpansen eher überlegen zu sein. Aber das könnte auch an der größeren Gelassenheit der Orang-Utans liegen.

Wenn man einem Menschenaffen ins Gesicht schaut, so fällt vor allem der vorspringende Kiefer auf. Im Profil kann man sehen, dass ihr Ober- und Unterkiefer gegenüber den Augen vorragt – wissenschaftlich „prognath". Die Schneidezähne eines Orang-Utans sind mindestens zweimal so groß wie unsere! Das ist eine direkte Auswirkung der Nahrungsqualität, denn die Menschenaffen sind auf sehr faserige Nahrung angewiesen, die hohe Beißkräfte erfordert. Menschen hingegen haben mit dem Garen der Nahrung über Feuer eine Möglichkeit geschaffen, auch extrem faserige Nahrung ohne viel Kauaufwand zu erschließen.

Was wir zunächst bemerken – die vorspringenden Kiefer –, scheint nicht dasselbe zu sein, was umgekehrt Affen an unseren Gesichtern auffällt. Immer wieder, wenn ich mit Affen eine gewisse Vertrautheit entwickelt hatte und Berührungen im Gesicht zugelassen habe, fanden sie zwei Aspekte untersuchenswert: meine Augenbrauen und meine Nase. Es war, als wollten sie genau feststellen, ob die wirklich zu meinem Gesicht gehören, oder ob man die irgendwie wegnehmen kann. Unsere vorspringenden Nasen und akzentuierenden Augenbrauen sind tatsächlich eigenartig. Ich finde das interessant, weil ihre Untersuchung meiner Nasenlöcher, Augen, Wimpern und Zähne keinen Zweifel daran gelassen hat, dass sie wissen, was sie da untersuchen – sie haben sie so berührt wie bei einem Artgenossen. Es scheint also, dass Affen – hier spreche ich von Makaken und Menschenaffen – auch „homologisieren" und die abweichenden Körpermerkmale besonders faszinierend finden.

Wie Schimpansen sind Menschen männerbündlerisch. Die Männer sind standorttreu und verteidigen ein weiträumiges Streifgebiet („Vaterland"). Die soziale Zugehörigkeit bleibt stabil, auch wenn die Mitglieder der Gemeinschaft selten täglich von morgens bis abends zusammen sind. Kooperation auch unter Nicht-Verwandten ist möglich, aber Fremdenfeindlichkeit ausgeprägt. Schimpansen gehen gemeinsam auf die Jagd – und zwar keineswegs, um die Grundernährung sicherzustellen, sondern als Gruppenunternehmung mit Unterhaltungscharakter. Männerbanden durchstreifen die Gegend und es kann zu regelrechten Bandenkriegen kommen, die in Mord und Totschlag münden können. Nicht nur Angehörige anderer Gruppen werden von

Männerbanden aufs Korn genommen, sondern auch Weibchen und Außenseiter. Sexuelle Zwangsmaßnahmen sind häufig und Kindsmorde keine Seltenheit.

Schimpansinnen sind wesentlich ungeselliger als Männer. Sie tragen ungefähr fünf Jahre lang Sorge für jedes Kind. In dieser Zeit sind sie so ausschließlich mit der Fürsorge, dem Schutz und der Erziehung ihres jüngsten Kindes beschäftigt, dass sie es sich nicht leisten können, schwanger zu werden und ein weiteres Kind zu versorgen. Die Geburtenabstände sind also groß und eine Schimpansin ist nur alle vier bis sechs Jahre sexuell aktiv und attraktiv, außer sie verliert ihr Kind, z.B. durch Kindstötung. Dann beginnt ihr Zyklus wieder früher. Während eine Schimpansin mit einem abhängigen Kind ihr Heimatgebiet durchstreift, ist sie auch für seinen Transport zuständig. Mit zunehmendem Alter sind die Kinder natürlich schwerer und können immer weniger getragen werden. Zugleich müssen sie lernen, für sich selber zu sorgen und Wege zu finden, wie man im Geäst und in Baumkronen sicher vorankommt. Auch auf dem Boden verlangsamen Kinder das Fortkommen. Zudem müssen beide zu essen finden. Aus diesem Grunde sind Schimpansinnen recht einzelgängerisch: Durch die langsameren Kinder können sie mit der Fortbewegungsgeschwindigkeit von Männergruppen und kinderlosen Frauen nicht mithalten. Außerdem können sie sich auch die Nahrungskonkurrenz gar nicht leisten. Dass es vor allem Nahrungsengpässe sind, die Mütter zu Einzel-, eigentlich Zweizel-Gängern macht, sieht man, sobald ein reichhaltiges Nahrungsangebot besteht. Zuweilen sind im Schimpansenland große, tage- und wochenlange Gelage möglich. In dem Fall sind die Schimpansen überaus gesellig. Gut gelaunt durch die Schlaraffenlandsituation, werden Freundschaften gepflegt und erneuert, Rangbeziehungen geklärt, Kinder den Großmüttern, älteren Geschwistern und Männern vorgestellt. Auch die Kinder und Jugendlichen haben nun Zeit, endlich einmal nach Herzenslust miteinander zu raufen und zu spielen, voneinander neue Tricks und Kniffe zu lernen, während ihre – immer wachsamen – Mütter untereinander oder mit den

Männern Fellpflege treiben und Essen und Informationen teilen. Dies sind die Zeiten, wo man auch gemeinsam auf die Jagd geht. Erbeutete Tiere werden geteilt, und zwar durchaus strategisch und kalkuliert, indem Freunde, Verwandte und wichtige Kooperationspartner bevorzugt werden.

Nahrungsteilen spielt sich zumeist so ab, dass sich alle, die sich trauen, eng um den Nahrungsbesitzer scharen, auf ihren Händen sitzen, aber sehnsüchtig und schnuppernd ihre Nasen und Gesichter dem Essen annähern. So bedrängt, kann der Essensbesitzer eigentlich sein Essen gar nicht genießen. Immer wieder versucht er oder sie sich abzuwenden und den Bittstellern die kalte Schulter zu zeigen. Wenn er immer mal wieder kleinere Bröckchen fallen lässt, werden diese hastig und verstohlen von den Wartenden weggenascht. Darüber kann es unter denen auch zum Streit kommen. Erfahrene Nahrungsbesitzer, oder solche, die einfach großzügig sind, teilen ihre Beute, indem sie absichtlich ein Stück abtrennen und es entweder einem Bittsteller überreichen oder hinterlassen, wenn sie sich an einen gemütlicheren Platz begeben. Es kommt durchaus auch zu feindlichen Übernahmen, aber mindestens ebenso häufig wird Besitz respektiert.

Das Sozialverhalten von Menschen und Schimpansen und die daraus abzuleitenden Gefühle, Motive und Informationsverarbeitungsprozesse sind sehr ähnlich. In den 1960er und 70er Jahren war noch wenig über das natürliche Verhalten und den Lebensstil nicht-menschlicher Primaten bekannt und es war unter Wissenschaftlern verpönt, Tiere zu vermenschlichen – damit war gemeint, dass man menschliche Interpretationen auf tierliches Verhalten projiziert. Das ist eine ehrenwerte Vorsichtsmaßnahme, die auch in zwischenmenschlichen Beziehungen zu besserem Verständnis führt. Dennoch wird inzwischen anerkannt, dass viele augenfällige Ähnlichkeiten einfach Ausdruck von tiefen Gemeinsamkeiten sind, und wenn man mit Menschenaffen umgeht, ist ein Respekt für intuitiv wahrgenommene Vertrautheit eine ganz gute Richtschnur, um sich zu verständigen.

In Hinblick auf das Sozialverhalten finden wir auch bei den Orang-Utans eher einzelgängerische Mütter, die lange für ihre Kinder sorgen. Extrem lange. Wenn eine Schimpansin sich etwa fünf Jahre lang praktisch ausschließlich um ihr jüngstes Kind kümmert, bringt es eine Orang-Utan-Mutter auf sieben Jahre! Jedenfalls wenn sie eine Sumatra-Orang-Utan-Dame ist. Die Borneo-Orang-Utans entwickeln sich insgesamt etwas schneller als ihre Kollegen auf Sumatra.

Unterschiede: Besonderheiten von Orang-Utans

Es gibt einen fundamentalen Unterschied zwischen Menschen und Schimpansen auf der einen und Orang-Utans auf der anderen Seite: das Verhältnis der Männer zueinander. Orang-Utan-Männer verzichten durchaus gern auf die Gesellschaft anderer Männer. Sie mögen einander nicht. Alles ist gut, solange sie klein sind. Von der Pubertät an werden auch die besten Freunde unverträglich und gehen eigene Wege.

Schimpansen-Männer sind höchstens um die Hälfte schwerer als Schimpansen-Frauen. Ein ausgewachsener Orang-Utan-Mann dagegen wiegt doppelt so viel wie eine Artgenossin. Die sekundären Geschlechtsmerkmale von Schimpansen-Männern sind ungefähr so wenig deutlich ausgeprägt wie bei Menschen-Männern: Ab dem 20. Lebensjahr werden ihre breiten Schultern durch Haarwirbel betont, die ihre Schulterhaare wie Epauletten aussehen lassen. Ihre Schädel wirken oben flacher, weil die Oberhauptmuskeln stark entwickelt sind und somit die Schädelrundung abschwächen.

Orang-Utan-Männer hingegen entwickeln – für unsere Augen – bizarre sekundäre Geschlechtsmerkmale: Ein Cape langer wehender Haare hängt von ihren Armen und ihrem Rücken herab. Ihr Kehlsack entwickelt sich zu einem eindrucksvollen Schallkörper, der Schädel wird von einem Kamm aus – normal behaartem – Fettgewebe gekrönt und im Gesicht bilden sich Backenwülste. Nur die Augen und das Wesen, die

Persönlichkeit erinnern dann noch an den Orang-Utan-Jungen, den man einst kannte.

Diese Männer nennt man „voll entwickelt". Es gibt jedoch auch andere – erwachsene – Männer, die lange ähnlich wie ein Jugendlicher oder ein Orang-Utan-Weibchen aussehen, also die sekundären Geschlechtsmerkmale nicht entwickeln. Dieses Phänomen nennt man Bi-Maturismus. Orang-Utans sind die einzigen Menschenaffen, bei denen es zwei Typen von Männern gibt. Beide Varianten sind voll fortpflanzungsfähig. Die „voll entwickelten" werden von den Damen bevorzugt. Die nicht erwachsen aussehenden Männer bleiben sozusagen unter dem Intoleranz-Radar der Vollentwickelten, werden also von ihnen geduldet. Sie drängen sich gern den Orang-Utan-Weibchen auf und neigen dazu, sie zum Geschlechtsverkehr zu zwingen. Die Weibchen haben da wenig Chancen, sich erfolgreich zu widersetzen, denn sie sind in der Regel allein unterwegs, haben also weder Freundinnen noch Verwandte, mit denen sie sich verbünden könnten. Wenn sie sexuell aktiv sind, können sie sich einem Vollerwachsenen anschließen und der verteidigt dann seine sexuellen Vorrechte gegenüber den Unentwickelten.

Alle unentwickelten Männer erreichen irgendwann das Stadium der vollen Entwicklung. Die Faktoren, die diesen Wechsel auslösen, sind bis heute ungeklärt. Bei den Sumatra-Orang-Utans könnte die räumliche Dichte der vollentwickelten residenten Männer eine Rolle spielen. Es scheint aber, als würde sich bei den Borneo-Orang-Utans ein höherer Anteil der Orang-Utan-Männer gleich, also ohne Verzögerung, voll entwickeln.

Warum Orang-Utan- und Schimpansen-Männer derart unterschiedlich miteinander umgehen, ist bis heute nicht klar. Ebenso wenig, welche Art Männerbeziehungen die ursprünglichere ist. Es hilft dabei nicht wesentlich weiter, wenn man sich die anderen Menschenaffen ansieht. Viele frühe Formen von Menschenaffen scheinen einen teils beachtlichen Geschlechtsdimorphismus aufgewiesen zu haben. Männer waren deutlich massiger als Weibchen. Unter den heute lebenden trifft das nur für Gorillas und Orang-Utans zu, hingegen sind bei Schimpansen, Bonobos und Menschen die Weibchen nur rund 10 bis höchstens 20 Prozent leichter. Wenn ein Biologe erfährt, dass Männchen und Weibchen einer Art unterschiedlich aussehen, vermutet er sofort, dass das auf eine hohe Konkurrenz unter den Männern schließen lässt. Tatsächlich bilden Gorillas „Harems", in denen mehrere unverwandte Weibchen die Kinder ihres Silberrücken-Mannes empfangen und großziehen. Er monopolisiert den Zugang zu seinen Haremsweibchen gegenüber anderen Silberrücken und gegenüber den jüngeren Schwarzrückenmännern. Nun könnte man vermuten, dass die vollentwickelten Orang-Utan-Männer diesen Silberrücken entsprechen und sich das Ganze nur sozusagen räumlich entzerrt abspielt. Aber so einfach ist das nicht! Wie soll ein Mann – wunderbare Körpermasse hin und sekundäre Geschlechtsmerkmale her – Weibchen monopolisieren, wenn er gar nicht da ist? Schlimmer, unter seinem Rivalen-Radar fliegen die „unreifen Männchen", die durchaus in seinem Streifgebiet sexuell aktiv sind und auch Kinder zeugen. Wohlgemerkt, die vollentwickelten Männer tolerieren die „Unreifen" nur, sie gehen keine Freundschafts- oder gar Kooperationsbeziehungen mit ihnen ein, wie das bei Schimpansen- und Menschenmännern die Regel ist. Die Männerbeziehungen der Orang-Utans sind bis heute rätselhaft und unter den Menschenaffen einzigartig.

Während Schimpansen sowohl im Urwald auf Bäumen leben, wie auch in Savannenlandschaften gut zurechtkommen, sind Orang-Utans doch stärker an das Leben in den Baumkronen angepasst. Ihre Fortbewegung in Bäumen und Lianen ist extrem vielseitig: Sie gehen auf Ästen oder, hängend, unter ihnen, sie klimmen, klettern, schwingen. Besonders wichtig ist für sie die Sicherheit. Sicherheit vor Abstürzen. Mit um die 35 Kilo sind auch Orang-Utan-Frauen recht schwer und sie müssen achtgeben, nicht aus Versehen Äste abzubrechen und zig Meter in die Tiefe zu stürzen. Einige Techniken helfen Menschenaffen in den

Bäumen. Zunächst einmal kennen die Affen ihren Wald in- und auswendig. Wo wir nur Bäume sehen, da gibt es für sie regelrechte Straßen, mit Schlaglöchern und Brücken. Auf bekannten Strecken bewegen sie sich viel schneller als in neuem Gebiet. Sie versuchen im Allgemeinen – ebenso wie wir in den Bergen – die Höhe zu halten und nicht ständig auf und ab zu steigen. Orang-Utans bewegen sich langsam und bedächtig. Oft sitzen sie still und man meint, sie ruhen sich vielleicht aus, aber in Wirklichkeit ertüfteln sie sich wahrscheinlich gerade eine neue Strecke. Hierbei nutzen sie die Elastizität von Ästen, Lianen und jungen Stämmen, die sie wie Federn einsetzen, um energiesparend Bewegungsimpulse auszulösen. Das muss gut gelernt sein, denn so ein Ast kann leicht brechen, wenn man ihn überstrapaziert. Sie verankern sich meist mit dreien ihrer vier Hände und angeln mit der vierten nach dem nächsten Halt. Oft „pumpen" sie einen elastischen Ast so lange, bis er sie an den erwünschten nächsten Halt heranschwingt. Dann greifen sie zu und halten fest – sehr fest –, während der neue Halt mit dem alten zurückschwingt. Während das Schwingen der beiden Äste langsam nachlässt, ziehen sie sich heran und verlagern ganz langsam ihr Gewicht auf den neuen Halt. Falls der in eine andere Richtung schwingt, als sie erwartet haben, oder wenn er bricht, haben sie ein Problem. Bedächtigkeit ist also für Orang-Utans lebensnotwendig.

Evolution der Orang-Utans – Rekonstruktion ihrer Sozio-Ökologie

Extreme Nahrungskonkurrenz und langsames überlegtes Vorgehen sind vermutlich die Wurzeln des typisch bedächtigen Wesens der Orang-Utans. Wo Schimpansen hitzig und oft extrovertiert mit ihren Gefühlen hausieren gehen, sind Orang-Utans eher gelassen, selbstgenügsam und introvertiert. Die Unterschiede verblassen, wenn Orang-Utans gesellig sind. Wie Schimpansen finden sich Orang-Utans in Gruppen zusammen, wenn es viel zu essen gibt. Auch hier spielen Kinder mit Altersgenossen, während die Mütter sozusagen Kaffeekränzchen halten. In den Mastzeiten leben Orang-Utans wie im Schlaraffenland und können das bis zu siebenfache an täglichen Kalorien zu sich nehmen. Statt von Baumrinde und Kambium leben sie ausschließlich von ihrer Leibspeise: Obst. Sie werden fett und rund. Nahrungskonkurrenz tritt in den Hintergrund, ältere Kinder, vor allem Töchter, können sich zu ihren Müttern und jüngeren Geschwistern gesellen. Man lernt den neuen Nachwuchs kennen. Auch andere Weibchen mit ihren Kindern treffen sich zu Kindergartengruppen und sogar Männer können sich derartigen Gruppen zugesellen.

Carel van Schaik, der mit seinen Kollegen und Schülern seit über 30 Jahren Orang-Utans im Freiland erforscht, untersuchte die Möglichkeit, dass sich Orang-Utans von einem schimpansenähnlichen Lebensstil wegentwickelt haben, weil sich ihre Nahrungsökologie über die Jahrmillionen verändert hat: Nahrung nämlich knapper und Sattwerden unvorhersehbarer geworden ist. Dadurch wurde Geselligkeit sozusagen teurer, Nahrungskonkurrenz größer. Wo Schimpansen-Gruppen noch heute klar definierte Mitgliedschaften haben, die Mitglieder aber in flexibel zusammengesetzten Splittergruppen oder auch allein herumstreifen, da sind Orang-Utans praktisch immer allein oder nur in Minigruppen unterwegs. Wenn diese Vermutung zutrifft, sollten auch Orang-Utans über soziale Verhaltensweisen verfügen, die ein Gruppenleben erleichtern, zum Beispiel die Möglichkeit, sich nach Konflikten zu versöhnen oder Freunde als Verbündete gegen Feinde zu gewinnen.

Bei unseren Orang-Utan-Waisen sehen wir, dass ihnen durchaus an der Gesellschaft von Freunden gelegen ist. Vor allem, wenn sie sich unsicher fühlen, z.B. in einem unbekannten Waldgebiet. Ich habe auch beobachtet, wie kleine Orang-Utans Streit um einen Schlafplatz bekamen und einer seinen Freund gegen einen Dritten verteidigt hat. Soziale Unterstützung ist also etwas, das sie spontan suchen und anbieten. Das würde man bei genuinen Einzelgängern nicht erwarten.

Orang-Utans verbringen überraschend wenig Zeit mit Fellpflege. Beobachtungen in Zoos haben gezeigt, dass Weibchen dann Orang-Utan-Männern stundenlang das Haarkleid pflegen, wenn sie mit diesen erst seit Kurzem ein Gehege teilen. Bei anderen Primaten ist die soziale Fellpflege so wichtig, dass manche Forscher sie als Äquivalent des „Schwätzchenhaltens" beim Menschen ansehen – wichtig also, um freundschaftliche Beziehungen aufzunehmen, zu glätten und zu erhalten. Da viele Zoo-Orang-Utans nur geringfügige Erfahrungen mit Artgenossen sammeln können oder gar von Menschen aufgezogen wurden, ist anzunehmen, dass sie hier auf eine Verhaltensanlage aus der Frühzeit ihrer Stammesgeschichte zurückgreifen.

Bei Schimpansen gibt es einen ultimativen Vertrauenstest: Man streckt einem Partner die Hand entgegen, um sie sich „küssen" zu lassen. Je nachdem, wie sehr man ihm vertraut, kann das Ritual abgewandelt werden. Nachdem man sich grade böse gestritten hat, wird vielleicht nur aus der Entfernung der Ellbogen präsentiert. Wenn einem aber viel daran liegt, größtmögliche Vertrauenswürdigkeit unter Beweis zu stellen, kann es so weit kommen, dass sich zwei Männer gegenseitig einen Finger zwischen die Zähne legen und so durch die Gegend ziehen.

Auch Orang-Utans sind fasziniert und führen immer wieder anderen die Finger zum Mund oder an die Zähne. Eines Tages wollte Robert – ein achtjähriger Orang-Utan aus der Waldschule – wissen, wie sehr er mir vertrauen kann. Er war morgens etwas ruppig und einschüchternd gewesen. In einer Spielpause lümmelte er vor mir auf dem Boden herum, rutschte etwas näher und wedelte mit seinem Fuß vor meinem Mund herum. Ich tat so, als würde ich nach seinen Zehen schnappen – Robert zuckte sofort zurück, blickte mir aber ins Gesicht, um zu sehen, was ich wohl im Schilde führte. Ich grinste. Natürlich konnte er nicht widerstehen und sein Fuß kam immer wieder zurück, schwebte unschlüssig und provozierend vor meinem Gesicht, vor meinem – geschlossenen – Mund, während er mich mit einem eindringlichen Blick musterte. Ich riss meinen Mund auf, übertrieben und in Zeitlupe, während ich ihn gleichzeitig schelmisch anblitzte. Sofort war der Fuß weg. Wieder ein prüfender Blick in meine Augen. Der Fuß näherte sich und kratzte an meinen geschlossenen Lippen. Als ich jetzt behutsam meine Kiefer öffnete, betastete er mit seinen Zehen meine Zähne, hakte sie hinter meine Schneidezähne und zog sie spielerisch nach vorne. Da fühlt man sich mit seinen Menschenzähnchen ganz schnell nicht mehr so stark. Ich ließ mir nichts anmerken und Robert fand es durchaus aufregend genug, einfach nur zu fühlen, wie ich langsam meine Kiefer um seine Zehen schloss und andeutete, auf ihnen zu kauen. Nach einer Weile traute er mir genug, um das Ganze anschließend mit seinen Fingern zu wiederholen. Minutenlang verharrten wir so. Dann begann er mich sacht zu necken, deutete an, er könne meine Haarspange stehlen oder Haare ausreißen. Aber er blieb sanft, beinahe zärtlich. Wann immer ich Robert jetzt nach über einem Jahr im Wald treffe, und sei er auch grad in einer renitenten Stimmung, schaut er mich an, hält inne, sein Blick wird weich und er scheint zu sagen: „Ja, Freund." Zwischen uns ist alles in Ordnung. Sind die Orang-Utans und Schimpansen nun unabhängig auf das Gleiche gekommen oder ist es dasselbe Ritual, inzwischen 14 Millionen Jahre alt?

Für die Hypothese, Orang-Utans seien einst ähnlich gesellig wie Schimpansen gewesen, spricht ein Vergleich von Orang-Utan-Populationen, die in Gebieten mit reichhaltigem oder spärlichem Nahrungsangebot leben. Suaq Balimbing in Nord-Sumatra ist ein reichhaltiges Gebiet: Nirgendwo sonst leben so viele Orang-Utans auf so kleinem Raum beieinander. Auf einem Quadratkilometer findet man im Schnitt sieben Orang-Utans – in Kutai, in Ostkalimantan, dagegen sind es nur zwei. Nun könnte zwar die Dichte von Orang-Utans höher sein, aber sie könnten sich auf dieser Fläche immer noch gut aus dem Weg gehen. Trotzdem streifen in den reichhaltigen Gebieten Sumatras Orang-Utans auch gerne zusammen herum. Erwachsene Weibchen durchwandern dort im

Schnitt ihr Heimatgebiet mit einem Sozialpartner, das entspricht einer Partie von zweien. In Borneo dagegen, wo die Nahrung spärlicher ist, sind sie meist allein unterwegs. Man kann das ebenso umgekehrt illustrieren: Geselligkeit ist für Orang-Utans teuer, sie bezahlen sie mit längeren Tagesreisen oder weniger Rastzeiten, die ein direkter Spiegel dafür sind, dass die Nahrung zu dünn gesät ist, um sie regelmäßig teilen zu können.

Warum finden sich die Orang-Utans überhaupt in Grüppchen zusammen? Man kann hierin ein Überbleibsel aus sozialeren Zeiten sehen, das heute bestenfalls neutral ist. Tatsächlich scheinen die Vorteile von Geselligkeit darin zu liegen, Paarungs- und Spielpartner zu finden, voneinander zu lernen und sich kennenzulernen. Es ist keineswegs so, dass jeder Orang-Utan austauschbar wäre. Nein: Orang-Utans führen durchaus langfristige Beziehungen und unterscheiden zwischen Anwohnern und Vagabunden oder Fremden. Sie haben Freunde, Liebhaber, Beschützer und Feinde. Das Sozialleben ist nur homöopathisch verdünnt, aber eben durchaus vielschichtig, langfristig und kompliziert. Den vielleicht wichtigsten Hinweis zugunsten der Hypothese, Orang-Utans seien ursprünglich ähnlich gesellig wie Schimpansen gewesen, finden wir in der Geschichte des Orang-Utan-Lebensraums und seinen Veränderungen. Die ältesten Funde, die als Orang-Utan klassifiziert werden, sind um die 14 Millionen Jahre alt und stammen aus Asien. Wissenschaftler vermuten, dass Orang-Utans einst von den südlichen Vorbergen des Himalaja über ganz Indochina bis nach Borneo verbreitet waren. Fossilien des Sivapithecus (vor 12–8 Millionen Jahren), eines vermutlichen Vorfahren, wurden in ganz Asien gefunden. Tatsächlich scheint es sich um eine Gattung mit möglicherweise diversen Arten und Unterarten zu handeln. Ihr westlichster, afrikanächster Vertreter wurde in der Türkei gefunden (Ankarapithecus), weitere Fossilien stammen aus Pakistan und Indien, bis hin nach China (Lufengpithecus) im Osten und Thailand (Khoratpithecus) im Süden. Zu den ausgestorbenen Orang-Utan-Verwandten gehört auch der Gigantopithecus, dessen Zähne darauf hinweisen, dass seine Körpermasse nahezu das Dreifache eines Gorillamannes – also um 240 Kilo – erreichen konnte. Diese Riesen lebten im Zeitraum von 6,5 Millionen Jahren bis vor 300.000 Jahren im heutigen Pakistan, Indien und China. Sie existieren somit zeitgleich mit dem Homo sapiens – insofern könnten sie den Ursprung der Mythen über den Yeti darstellen.

Die Auffaltung des Himalaja hatte gravierende Folgen für das Klima in Asien. Die Berge stellten eine Barriere dar, durch die an ihrer dem Meer zugewandten südlichen Seite mehr Regen fiel, wohingegen die nördliche, dem Meer abgewandte Seite, also Zentralasien, weniger Niederschlag erhielt als zuvor. Die asiatischen Monsune wurden ausgeprägter und Graslandschaften setzten sich in Zentralasien durch, während die subtropischen und tropischen Zonen in Asien schrumpften und sich nach Südostasien verlagerten. Dies dürfte für eine erhebliche Verschlechterung des Nahrungsangebots für Orang-Utans in Zentralasien geführt haben. Gleichzeitig mit diesen ökologischen Veränderungen verschwinden die Menschenaffen-Fossilien in Europa, Klein- und Zentralasien. Die Orang-Utan-artigen Menschenaffen hingegen verbreiteten sich allmählich weiter nach Süden, Richtung Indochina und Sundaland, wo das Klima weiterhin tropisch und subtropisch blieb.

Subfossile Funde – zumeist Zähne und Kieferfragmente – lassen vermuten, dass Orang-Utans und ihre Pongiden-Verwandten noch während des Pleistozäns, also von 3,6 Millionen Jahren bis vor recht kurzer Zeit, in Südchina, Nordost-Indien, Indochina und Sundaland verbreitet waren. Immer wieder werden subfossile Orang-Utan-Knochen und Zähne in Höhlen auf der Malaysischen Halbinsel gefunden. Dort gibt es heute keine freien Orang-Utans mehr, ebenso wenig in Laos, Thailand, Burma oder Vietnam. Die Malaysische Halbinsel gehört zu einer geologischen Region, die als Sundaland bezeichnet wird. Diese umfasst außerdem die heutigen großen Inseln Sumatra, Java, Bali, Borneo und Palawan, das zu den Philippinen gehört. Nach Osten hin wird Sundaland durch den tiefen Wallace-Graben definiert, wodurch Sulawesi abgetrennt ist, und nach Nordosten durch die Huxley-Linie, die die restlichen Philippinen ausgrenzt. In den letzten 800.000 Jahren ist der Meeresspiegel in Sundaland immer wieder gefallen und gestiegen. Dabei haben die Zeiten mit niedrigem Meeresspiegel überwogen, und zu diesen Zeiten erstreckte sich Land über eine Fläche wenig kleiner als Australien, vom heutigen Malaysia bis hin nach Borneo – alle derzeitigen Inseln ragten als Erhebungen aus dem Sunda-Bassin heraus. Das hatte Konsequenzen für die Flora und Fauna dieser Region, die heute eine derjenigen mit der weltgrößten Artenvielfalt darstellt. Noch.

Heute finden wir nur noch zwei Arten von Orang-Utans – je eine auf Sumatra und Borneo. Was mag zu diesem Kollaps der Orang-Utan-Verbreitung und damit ihrer Zahlen geführt haben? Eine ökologische Ursache könnte in der Änderung des Klimas bestehen. Es gibt Hinweise, dass die El Nino Südliche Oszillation (ENSO) im Pliozän zwischen 5 und 3 Millionen Jahren entstanden ist oder sich zumindest deutlich verstärkt hat. Das ist für Südostasien insofern bedeutsam, als die Flügelfrucht-Bäume dort weit verbreitet sind. Sie produzieren oft mehrere Jahre lang keine Früchte, bis sie durch ein ENSO dazu veranlasst werden. Dann aber tragen sie massenhaft. Diese „Mastzeiten" sind nirgendwo sonst so extrem und betreffen derart viele Arten wie in Südostasien – bis zu 60 Prozent aller Baumarten können gleichzeitig Früchte tragen. Das ist eine dreifache Steigerung gegenüber Nichtmastjahren. Extreme Mastzeiten kommen alle zwei bis zehn Jahre vor. Evolutionär interessant sind aber nicht diese Schlaraffenlandzeiten, sondern die Hungerjahre dazwischen. Populationsdichten sind durch die Hungerzeiten, nicht durch die Mastzeiten bestimmt. Orang-Utans lieben weichfleischige saftige Früchte über alles, sind aber für ihr Überleben auf faserige Blätter und Baumrinde angewiesen. In einer Studie wurde verglichen, inwieweit der Zahnschmelz verschiedener Menschenaffenarten Hinweise auf Zeiten der Unterernährung gibt. Orang-Utans waren hier deutlich am meisten betroffen, mit mehr und längeren Hungerzeiten als Gorillas und Schimpansen. Wann diese verschärften Ernährungsbedingungen eingesetzt haben, ist unklar. Wahrscheinlich konnten die Orang-Utans während des Pliozäns und des Pleistozäns immer wieder in Tieflagen ausweichen, wo das Nahrungsangebot weniger starken Schwankungen unterlag. In den riesigen Flusstälern des Sundalandschildes dürften sie ideale Bedingungen vorgefunden haben. Dort haben regelmäßige Überflutungen den Talboden mit Nährstoffen für die Pflanzen angereichert und die Ansammlung von Torf verhindert. Diese Bevorzugung von Flusstälern kann man bei heutigen Orang-Utans auch beobachten: Man findet sie gern an Flussläufen und sie bewegen sich vorzugsweise flussabwärts in Niederungen mit feuchtem, nahrhaftem Boden und einer entsprechend hohen Produktivität der Orang-Utan-Nahrungspflanzen.

Es ist jedoch sehr wahrscheinlich, dass beim Rückgang der Orang-Utan-Verbreitung bereits auch frühe Menschen die Finger im Spiel hatten. Die subfossilen Orang-Utan-Reste in den Grotten Sundalands sind nämlich Zeugnisse des Jagderfolges von prähistorischen Menschen. Vor rund 40.000 Jahren kochten diese Jäger in der berühmten Niah-Höhle und hinterließen Holzkohlereste, deren Alter bestimmt werden konnte. Aus Tausenden von Orang-Utan-Zähnen und der Abwesenheit von Orang-Utans in den entsprechenden Gebieten heutzutage darf man schließen, dass die nomadischen Jäger des Pleisto- und Holozäns Orang-Utans bis zur Ausrottung gejagt und gegessen haben. Nachstellungen und Konkurrenz mit Menschen hat Orang-Utans wahrscheinlich seit vielen Generationen aus den besten Habitaten, dem Tieflandregenwald, vertrieben. Vor knapp 6.000 Jahren drangen Reis anbauende Asiaten (Austronesier) nach Borneo vor und lösten die Jäger-Sammler-Kulturen vor allem in den zugänglicheren Gebieten ab. Im Tiefland siedelten sie sich als halbnomadische Bauern an, begannen Urwald zu roden, betrieben Wanderfeldbau und legten Obstgärten ab. So lebten die meisten Dayak-Völker bis in die Mitte des 20. Jahrhunderts. Jäger machten den Urwald und vor allem die höheren Lagen unsicher, in den Torfmoor- und Sumpfwäldern des Sundalands, hingegen blieben die Orang-Utans bis zum 19. Jahrhunderts noch relativ sicher.

Rekonstruktionen, die auf genetischen Daten basieren, deuten darauf hin, dass die Einführung von Feuerwaffen durch die Kolonisatoren vor rund 200 Jahren zu einem deutlichen Einbruch der Orang-Utan-Populationen in Borneo und Sumatra geführt haben. Verglichen mit heute war die Rate, mit der Naturforscher wie Wallace (1869) Orang-Utans finden und abschießen konnten, erstaunlich hoch: Noch um 1850 konnten Expeditionsteilnehmer damit rechnen, durchschnittlich jeden zweiten Tag einem Orang-Utan zu begegnen – 155 Jahre später trifft man Orang-Utans nur noch jeden 13. Tag. Mit anderen Worten: Selbst in ungestörtem Wald sind Orang-Utans heute sechsmal seltener als vor gut 150 Jahren. Es sind natürlich nicht die sogenannten Naturforscher, die für diesen Rückgang verantwortlich sind – obwohl sie Hunderte von Orang-Utans getötet haben. Wichtiger war, dass die Kolonisatoren erfolgreich die Kopfjagd verbieten konnten: Nachdem sie sich nicht länger vor ihren Artgenossen fürchten mussten, drangen Jäger nun in entlegene Tropenwälder ein und töteten Wildtiere immer häufiger mit Schusswaffen. Das hatte nicht nur für Orang-Utans verheerende Folgen, sondern wurde auch den Nashörnern zum Verhängnis.

Was mag sich der kleine Saragih wohl über uns denken?

Der elfjährige Kopral bei der Fütterung in der Waldschule.

2

WIE KOPRAL ZU SEINEM NAMEN KAM

Am letzten Tag vor meiner Weihnachtsreise im Jahr 2009 nach Europa befand ich mich in einer Besprechung, als wir plötzlich gestört wurden. Tessa war damals die Repräsentantin der indonesischen Regierung in Samboja Lestari. Im Namen der Regierung kümmern sich NGOs, wie die BOS Foundation, um gestrandete Orang-Utans. Tessa berichtete, am Sicherheitsposten sei ein Auto vorgefahren, in dem sich ein Orang-Utan befand. Soweit sie verstanden hätte, wäre das der Orang-Utan, der einige Tage „ein Problem mit der Elektrizität" gehabt hatte.

Ein Notfall. Ohne nachzudenken schnappte ich im Laufen meine Kamera – jahrzehntelange Gewohnheit. Die Sicherheitsleute deuteten auf das Auto: „Er ist da drin". Ich hatte keine Ahnung, was mich erwartete, als ich die hintere Tür des Autos öffnete, aber vergessen werde ich es niemals.

Der Geruch traf mich, bevor ich fassen konnte, was ich sah: Geruch von verbranntem und verwesendem Fleisch. Verständnislos fiel mein Blick auf die zusammengesunkene Gestalt eines Orang-Utan-Kinds. Es war bei Bewusstsein und sah mich mit einer Mischung aus Rebellion, Flehen und vollkommener Fassungslosigkeit zu Tode erschöpft an.

In dem seltsam entkoppelten Denken unter Schock wurde ich gewahr, wie der Geruch von geröstetem Fleisch mich selbst nach vielen Jahren vegetarischer Ernährung noch an Gegrilltes erinnerte – gänzlich losgelöst von dem Übelkeit erregenden Grauen des Verwesungsgeruchs. Der rechte Arm des Kindes bestand nur noch aus Knochen; hellgrau, am Ellbogen ging er in zerfetztes Fleisch über. Kind, männlich, vielleicht drei Jahre alt. Dann nahm ich die Gänsehaut in seinem Gesicht wahr. Mechanisch fragte ich mich, ob er etwas gegen meine Anwesenheit hatte oder ob sie von den Schmerzen kam. Das musste es sein, er hatte am gesamten Körper Verbrennungen. Die verbrannte Haut war dunkelgrau und, wo die Brandblasen aufgegangen waren, zerfetzt.

Ich begann Leute herumzukommandieren. Das hatte ich in Indonesien noch nie getan, und es stand mir nicht zu. Ich rief unsere Tierärztin an: „Wir haben einen Notfall. Ein Arm muss sofort amputiert werden." Das Auto war ein Taxi. Der Fahrer war bezahlt worden, um das geschundene Orang-Utan-Kind bei uns abzuliefern. Der Taxifahrer muss ein gutes Herz gehabt haben. Er war den ganzen Weg von Samarinda bis zu uns gefahren, mindestens vier Stunden. In diesem schrecklichen, schrecklichen Gestank. Ich ging zu ihm und bedankte mich.

Was sollten wir mit diesem armen Wesen nun anfangen? Ich wagte aus Angst, ihm noch mehr Schmerzen zuzufügen, nicht, es zu berühren. Ich betete mir vor: In extremen Schmerzzuständen schüttet das Gehirn Endorphine aus, natürliches Morphium. Schließlich nahm einer der Pfleger ihn hoch, wie wir unsere Orang-Utan-Babys normalerweise aufnehmen – und wurde gebissen. Endlich gelang es uns, den Verletzten in die Klinik zu bringen, wo er ein Schmerzmittel bekam. Und unser versehrtes, halbtotes Orang-Utan-Kind begann sich in Richtung der anderen Orang-Utans davonzumachen! Nicht zu glauben. Ich sah ihm zu und überlegte, welche Zukunft er haben könnte, und ob es nicht besser für ihn wäre, ihn zu töten. Ich bin nicht per se für Euthanasie, meiner Ansicht nach maßen wir uns dabei viel zu viel an. Andererseits …

Doch dieser kleine Kämpfer hier flößte mir Ehrfurcht ein. Er war entschlossen zu leben. Und ich beschloss, ihn dabei zu unterstützen. Ich sah mich um, unsere Pfleger hatten sich versammelt, um diese seltsame Attraktion zu betrachten. In ihren Gesichtern las ich Unglauben und Hochachtung vor diesem kleinen Affen, der seinem Zustand trotzte.

Zu viele Menschen. Noch immer funktionierte mein Bewusstsein zweigleisig, entkoppelt. „Was soll das heißen, kann heute nicht kommen? Wann? Vielleicht morgen?! Damit können wir uns nicht zufriedengeben. Wir müssen jemand anderen finden.“ Ich bemerkte, dass ich der Tierärztin allmählich Angst machte. Sie versuchte wirklich ihr Bestes. Aber alle Ärzte hatten lange Listen von menschlichen Patienten. Die Zeit drängte. Wir hatten bereits zwei Stunden verloren. Plötzlich kam mir Peter Karsono in den Sinn. Er lebte in Balikpapan, war ein Freund von Willi und im BOSF-Aufsichtsrat. „Kennen Sie jemanden, der helfen kann?“ – „Warten Sie, ich werde zurückrufen.“

15 Minuten später. „Okay. Kommen Sie mit ihm ins Militärhospital. Dort werden sie ihn operieren.“ Die Tierärzte fuhren mit dem Verletzten sofort los, wir folgten in einem zweiten Wagen. Es war Hauptverkehrszeit und als wir endlich eintrafen, war die Operation fast schon beendet. Das Bild im Operationssaal war seltsam beruhigend: gesäubert und bewusstlos lag der Patient unter der gleißenden Lampe. Vier Chirurgen tanzten um ihn herum, professionell konzentriert, hielten Pinzetten hoch und betrachteten kritisch die frisch versorgte Wunde. Den Arm an der Schulter abzunehmen sei schnell gegangen. Aber die Versorgung der vielen Verbrennungen nahm viel Zeit in Anspruch.

Als sie den kleinen Patienten fertig verbunden hatten, entspannten sich die Militärärzte. Ein Mensch, sagten sie, hätte derartige Verletzungen nicht überlebt. Die Verletzungen seien schon eine Woche alt. Mindestens. Ein unvorstellbares Martyrium. Ich war wohl noch nie in meinem Leben jemandem so dankbar. Diese Chirurgen waren für mich die großartigsten Menschen der Welt. Ich fragte sie, wie wir den Orang-Utan-Jungen nennen sollten. Sie lehnten jede persönliche Ehrung ab. Schließlich waren sich alle einig, er solle Kopral Jono heißen, nach dem Helden eines Lieds aus dem indonesischen Unabhängigkeitskrieg, der berühmt war für seine unzerstörbare Vitalität.

Es dauerte dennoch Monate, bis es Kopral wieder besser ging. Im Frühjahr ließ er sich auf eine Physiotherapie als Zweibeiner ein. Dabei biss er in ein Tuch und ging dann so geführt mit einer Tierpflegerin einige Schritte.

Ich erinnerte mich an eine Kommilitonin, eines der vielen Conterganopfer damals. Sie saß in der Bibliothek und legte mit ihren Füßen Microfiches in das Lesegerät ein. Wie habe ich sie bewundert. Kopral hatte es da etwas leichter, seine Füße konnten ohne viel Training die Hände bei feinmotorischen Aufgaben ersetzen. Seine wichtigste Aufgabe bestand darin, Techniken zu entwickeln, um seine „Kopflastigkeit" auszugleichen. Bald hatte er eine Purzelbaum-Technik entwickelt, mit der er sehr schnell war. Seine Behinderung tat mir in der Seele weh, zugleich war ich maßlos stolz auf seine Unverwüstlichkeit. Wie er sein neues Leben anging, mutig und mit wachsendem Frohsinn, erfüllte seine Betreuer mit ehrfürchtiger Bewunderung.

Kopral war bei seiner Ankunft noch vollkommen wild gewesen, ein zärtlicher Orang-Utan wurde er nie. Sobald er sich anfassen ließ, nahm Wiwik, die Cheftierpflegerin, ihn kurzerhand mit in die Waldschule. Atemlos vor Aufregung und ungläubiger Freude erzählte sie mir: Kopral kann klettern! Unter Zuhilfenahme seiner Zähne und indem er Äste unter seinen Armstumpf klemmt, klettert er auf Bäume. Phantastisch! Bald lebte Kopral wie alle anderen Waisen in der Waldschule. Er aber zog es von Anfang an vor, hoch oben in den Wipfeln Schlafnester zu bauen, statt in einem Käfig zu bleiben. In der Konkurrenz mit anderen Kindern hat es ihm sicher genützt, dass er etwas älter und viel waldkundiger war als die anderen. Er hat gerne und durchaus auch rau gespielt. Bei zahllosen Ringkämpfen hat er viele Haare gelassen.

Kopral ist inzwischen zwölf Jahre alt und lebt noch heute in der Waldschule. Er hält weiterhin Distanz zu Menschen, lässt sich nicht anfassen. Zu Fütterungen taucht er gern auf, zweibeinig am Boden gehend, oder eilig per Purzelbaum. Er setzt sich abseits und isst geschickt mit den Füßen. Sobald ihm etwas seltsam vorkommt, ist er auf und davon, geräuschlos verschwunden im Wald. Derzeit ist Kopral ganz mit sich beschäftigt. Er ist in der Pubertät und hat die Mädchen entdeckt …

Wenn uns Orang-Utans wie Kopral die kalte Schulter zeigen, freut uns das. Wir sollten nicht anstreben, für sie mehr zu sein als nur eine Krücke. Vorrübergehend nützlich. Menschenaffen wollen heil werden, sie streben nach Eigenständigkeit und verlassen sich lieber auf sich selbst. Wir sind da, um sie darin zu unterstützen. Könnte es einen schöneren Ausgang geben, als dass sie uns nicht mehr brauchen?

Zuweilen werde ich gefragt, ob er nicht ausgewildert werden kann – so unglaublich klug, gewitzt und geschickt er ist. Doch das halte ich für gefährlich: Wir geben ihm immer noch Schutz und die unausweichlichen brutalen Konkurrenzkämpfe mit gesunden bearmten Orang-Utan-Männern könnte er nicht bestehen. Er würde zugrunde gehen oder ein erbärmliches Dasein als Underdog führen. Da lassen wir ihn doch lieber, wo er ist: als Prinz in der Waldschule.

—

WEM DIE STUNDE SCHLÄGT

Als ich im Jahr 2007 begann, für Orang-Utans zu arbeiten, war gerade eine Veröffentlichung des UNEP herausgekommen, die den Titel „Orang-Utans – der letzte Stand“ trägt. Ihr Inhalt ist noch wesentlich dramatischer als ihr Titel. Im Kern wird darin gesagt, dass die Orang-Utans wohl kaum noch vor dem Aussterben zu bewahren sein werden, wenn sich bis 2017 ihre Lage nicht grundlegend ändert.

Man überlegt sich natürlich gern, ob diese Einschätzung nicht vielleicht ein wenig zu reißerisch ist. Man möchte gern ein paar Jahre dazugeben, wissend: Solche Veröffentlichungen sollen wachrütteln und politische Entscheidungsträger veranlassen, die Not und die Dringlichkeit zu begreifen und die richtigen Prioritäten zu setzen. Andererseits arbeiten an derartigen Veröffentlichungen namhafte Experten, viele davon Wissenschaftler, die eher vor emotionalisierenden Aussagen zurückschrecken.

Ende der 1990er Jahre wurde in Indonesien die Regierung von Suharto vergleichsweise unblutig gestürzt. Es kam in einigen Bereichen zu wirren Zuständen in der Verwaltung. Im Zuge der Rücknahme der Staatsgewalt von Suharto und seiner Partei wurde Indonesien föderalistisch neu organisiert. Was wie ein Zugewinn an Demokratie aussah, wurde von Naturschützern schon bald als Problem erkannt. Entscheidungen über die Umwandlung von Tropenwäldern in Industriewälder oder Ölpalm-Monokulturen wurden vermehrt nicht mit Blick auf langfristige wirtschaftliche Nachhaltigkeit getroffen. Stattdessen ging allgemein der Überblick verloren und der Sektor „Waldwirtschaft“ wurde vollkommen unübersichtlich. Die rechte Hand wusste nicht, was die linke tat.

Ich war damals im Vorstand der Gesellschaft für Primatologie (GfP), und uns erreichten Notrufe der Kollegen, die in Indonesien Freilandforschung betrieben. Freilandforscher werden meistens zuerst Zeugen von Umweltzerstörung und der Umwandlung von naturbelassener Wildnis in menschengeprägte Landschaften. Besonders dramatisch ging es in Aceh zu. Diese Provinz im Norden Sumatras beherbergt das größte zusammenhängende Ökosystem von Tiefland-Regenwald in Indonesien. Genau dort waren jetzt in großem Stil die Holzdiebe und Wilderer am Werk. Aceh war außerdem seit Langem eine Unruheprovinz mit einer strenggläubigen islamischen Mehrheit und einer starken, zuweilen gewalttätigen Unabhängigkeitsbewegung. Menschen verschwanden. Später wurden Massengräber gefunden. Forscher zogen ihre Mitarbeiter ab und stellten ihre Arbeit ein – wissend, dass sie so die Orang-Utans, die sie individuell und persönlich kannten und teils seit Jahrzehnten beobachteten, erst recht ihrem Unglück auslieferten. Wir von der GfP schrieben Briefe an die EU, in denen wir darum ersuchten, ihren Einfluss geltend zu machen und Zahlungen zum Schutz des Leusersystems (Öko-System in Nord-Sumatra) einzufrieren, bis die Lage unter Kontrolle und der Schutz der Orang-Utans wieder gesichert sei.

Dies war auch die Zeit, in der die Idee diskutiert wurde, dass es – analog zu den Weltkultur- und den Weltnaturerbe-Gegenden – so etwas wie ein Welt-Arten-Erbe geben müsste. Und dass als Allererste die Menschenaffen in den Genuss dieses speziellen Schutzes kommen sollten, weil sie uns am nächsten stehen und uns von ihren Gefühlen, ihrer Klugheit her so stark ähneln. Auch, weil wir überzeugt waren, dass Menschenaffen ein guter Vorreiter seien für weitere Arten mit ähnlichen Merkmalen und Problemen – Elefanten, Papageien, Wale. Wir dachten, dass viele Menschen eher bereit sein würden, Menschenaffen zu schützen als andere Tiere, weil sie unsere nächsten Verwandten sind. Blut ist schließlich dicker als Wasser.

Bedrohungsstatus der großen Menschenaffen

Nach der Jahrtausendwende wurden Einschätzungen veröffentlicht, dass die Menschenaffen insgesamt die erste Hälfte des

21. Jahrhunderts nicht überleben würden. Sie würden in dieser Reihenfolge von uns ausgerottet: Orang-Utans und Bonobos als Erste, dann Gorillas, zuletzt die Schimpansen. Panikmache? Unseriös? Übertrieben?

Hier sind die aktuellen Zahlen: Im Jahr 2016 hatte die Weltbevölkerung 7,4 Milliarden erreicht (UNFA 2016). Damit meint man die Anzahl von Homo sapiens. Während die Zahl der Menschen auf der Erde beharrlich weiterwächst, nimmt die unserer nächsten Verwandten rapide ab. Wenn man alle Arten und Unterarten zusammenfasst, liegt die maximale Anzahl von nicht-menschlichen Menschenaffen bei gut 690.000 (IUCN 2016). Das entspricht 0,0093 Prozent aller Menschenaffen dieser Erde, wobei mit den 99,9907 Prozent Menschen 100 Prozent erreicht sind.

Während die Menschen alle zu einer Art – ohne Unterarten – gehören, gibt es von Gorillas, Orang-Utans und Schimpansen jeweils mindestens zwei Arten mit diversen Unterarten. Das bedeutet, dass die Vielfalt unter den verbleibenden nicht-menschlichen Menschenaffen unvergleichlich viel größer ist als unter den Menschen. Wie unterschiedlich kommen uns schon Skandinavier und Italiener vor?! Beides Europäer. Ein Dayak, ein Nigerianer und ein Araber sind weniger voneinander verschieden als ein Sumatra- und ein Borneo-Orang-Utan, oder ein Berg- und ein Flachlandgorilla. Letzten Schätzungen nach gibt es derzeit noch etwa 300 Cross-River-Gorillas, von den bekannteren Berggorillas gibt es noch etwa 880. Von Östlichen Flachlandgorillas, auch Grauergorilla genannt, gibt es nur noch 3.800, von Sumatra-Orang-Utans etwa 6.600 Individuen. Die Bonobos sind mit 15.000–20.000 noch etwas häufiger. Am meisten gibt es derzeit noch von den Schimpansen – jedenfalls, wenn man alle Arten und Unterarten zusammenfasst, schätzungsweise um die 400.000 Individuen.

Ich liebe Vielfalt. Ich finde es aufregend zu wissen, dass es so viele unterschiedliche Menschenaffen gibt und wir nicht die Einzigen sind. Jeder Affe hält uns sozusagen einen Spiegel vor: So bist du auch. Oder nicht? Zugegeben, es ist ein Zerrspiegel, die

Arme sind viel zu lang, die Beine zu kurz. In der Unterschiedlichkeit das Gemeinsame zu erkennen, finde ich anregend. Unsere wahre menschliche Natur zeigt sich erst im Vergleich mit unseren Verwandten. Und was für ein Mensch ist das, der seine Verwandten ausrottet?

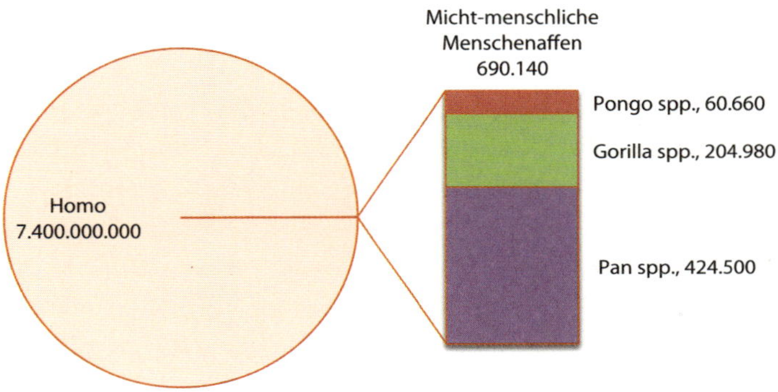

Quelle: IUCN Red List 2016: http://www.iucnredlist.org/details

Die Grafik gibt eine vereinfachte Darstellung, in Wirklichkeit geben die Schätzungen einen Bereich an und schwanken um bis zu 30 Prozent. Warum schwanken die Schätzwerte für freilebende Menschenaffen derart extrem?

Die Schätzungen der Menschenaffenzahlen sind äußerst ungenau, nicht nur, weil die Affen scheu sind und in sehr entlegenen Gebieten leben, sodass man sie kaum je zu Gesicht bekommt. Selbst wenn man einfach in die Wildnis gehen könnte, müsste man sie zuerst einmal auseinanderhalten, also einzeln identifizieren können. Vollkommen unmöglich! Man muss sich also auf Schätzungen und Hochrechnungen verlassen. Zum einen kann man versuchen, die Habitatqualität einzuschätzen und aus bekannten vergleichbaren Gebieten die Dichte einer Art pro Quadratkilometer hochzurechnen. Die Standardmethode besteht darin, Schlafnester von Menschenaffen zu suchen. Dafür gibt es eine bestimmte Methode, die bislang alle Forscher angewendet haben, in Afrika ebenso wie in Asien. Man schlägt einen Pfad in den Wald und zählt entlang des Pfades alle Nester, die man sehen kann. Aus der Anzahl und dem Alter der Nester rechnet man auf die wahrscheinliche Anzahl der Menschenaffen in diesem Gebiet hoch. Das ist aufwendig und Erfahrung spielt dabei eine wesentliche Rolle.

Der Bedarf an raschen Ergebnissen ist groß und man möchte bis in die entlegendste Ecke vordringen, um eine wirklich gute Schätzung zu bekommen. Da nimmt es nicht wunder, dass einige Wissenschaftler dafür Drohnen einsetzen möchten. Die Ergebnisse, die aus dem Einsatz von Drohnen zu erhalten sind, sind jedoch nicht standardisiert. Statt von unten sieht man die Nester nun von oben. Aber es ist noch komplexer. Nur mit Erfahrung und geradezu detektivischem Gespür kann sichergestellt werden, von welchem Tier ein Nest stammt. Besonders bei alten Nestern ist das schwierig. In Orang-Utan-Habitaten könnte ein Nest ebenso gut von einem Riesenhörnchen stammen, oder von einem Malayenbären. Sogar Nester von Menschen sind schon identifiziert worden. Woran kann nun der erfahrene Waldläufer die Nester unterscheiden? Wichtig ist, wie sie konstruiert sind. Hörnchen und Bären konstruieren schlampigere Nester als Orang-Utans. Sie arbeiten systematischer und biegen die Zweige im Nestkranz von außen nach innen. Die Zweige sind verwoben, nicht wüst zusammengestoppelt mit herausragenden Bruchenden. Menschennester zeichnen sich vor allem durch saubere Schnittkanten an den Zweigen aus, die von der Verwendung eines Buschmessers zeugen. Oft muss man auf den Nestbaum oder einen benachbarten hinaufsteigen, um die Unterschiede sicher zu erkennen. Was auch hilft, ist die Umgebung des Nests auf Kratz- und Krallenspuren abzusuchen. Malayenbären benutzen oft einen dünnen Nachbarstamm, um in die Höhe zu klettern. Aber selbst das ist nicht vollkommen sicher, denn es kommt auch vor, dass Bären ein altes Orang-Utan-Nest weiterbenutzen.

Solche Feinheiten kann eine Drohne nicht untersuchen, es ist also bestenfalls eine Kombination von Drohne und echter Feldarbeit sinnvoll.

Selbst wenn man eine wirklich gute aktuelle Schätzung hat, kann diese binnen kürzester Zeit veraltet sein. Nicht nur, weil inzwischen eine Straße gebaut wurde und unzählige Menschen in ein abgelegenes Gebiet vordringen können, sondern auch, weil Krankheitsausbrüche – oft als Folge von Ansteckung durch Menschen – ganze Landstriche von Menschenaffen entvölkern können, und zwar innerhalb von Monaten.

Alle Menschenaffen sind durch das internationale Washingtoner Artenschutzabkommen (CITES) geschützt. Dieses 1975 in Kraft getretene Abkommen wurde zunächst von 80 Ländern getragen, deren Zahl ist inzwischen auf 181 angestiegen. Österreich hat es erst im Jahr 1986 ratifiziert. Zu den Erstunterzeichnern zählt die Schweiz, Deutschland folgte 1976. Diese Konvention zum internationalen Handel mit bedrohten Arten klassifiziert den Bedrohungsstatus von Arten in drei Stufen und nutzt dafür auch Informationen der IUCN. In die Einschätzung „bedroht" oder „kritisch bedroht" fließt nicht nur die Anzahl der Individuen ein, sondern auch eine Prognose, wie wahrscheinlich es ist, dass diese Spezies von Menschen ausgerottet wird. Bei einer als sicher eingeschätzten schlechten Prognose kann eine Art auch dann als kritisch bedroht eingestuft werden, wenn ihre Zahl noch höher ist als die einer als nur bedroht klassifizierten. Ein weiterer Aspekt ist, wie schnell sich Populationen wieder erholen könnten, was unter anderem vom Lebenszyklus der Art abhängt. Im Frühsommer 2016 sind die Borneo-Orang-Utans von bedroht auf kritisch bedroht hochgestuft worden. In weniger als drei Orang-Utan-Generationen ist ihre Zahl um mehr als 80 Prozent zurückgegangen.

Wichtig ist außerdem, in welchen und in wie vielen Ländern die Affen zu Hause sind. Bonobos, Grauergorillas und Sumatra-Orang-Utans haben das Pech, in jeweils nur einer Nation daheim zu sein. Wenn diese Länder es nicht schaffen, die Affen zu schützen, gibt es bei heutiger Rechtslage kein Mittel, sie zu retten. Umgekehrt gibt es auch Nationen, in denen verschiedene Arten von Menschenaffen leben, Länder also, deren politische und wirtschaftliche Entscheidungen weitreichende Konsequenzen für einen großen Anteil der noch lebenden Menschenaffen haben werden: In Kamerun leben fünf Menschenaffenarten. Die Demokratische Republik Kongo – seit über 20 Jahren bekannt für politische Instabilität – ist Heimat von fünf Arten, von denen zwei ausschließlich dort vorkommen: Bonobos und Grauergorillas.

Es kann kein Zweifel bestehen, dass nicht-menschliche Menschenaffen akut in Gefahr sind, durch menschliches Verhalten ausgerottet zu werden. Sie sind durch CITES geschützt, das den kommerziellen Handel über Landesgrenzen hinweg verbietet. Aber das reicht ganz offensichtlich nicht.

Die Kategorie des Welt-Arten-Erbes ist nicht zustande gekommen. Stattdessen haben wir jetzt GRASP – die Great Ape Survival Partnership –, eine Initiative unter dem Schirm des United Nations Environment Programs (UNEP) und der UNESCO, seinem kulturbezogenen Gegenstück. GRASP setzt sich vermehrt gegen den illegalen Handel mit Menschenaffen ein. Im Mai 2016 entschuldigte sich Paris Hilton dafür, dass sie Selfies mit Orang-Utan- und Schimpansen-Waisen gepostet hatte. GRASP hatte sie und drei weitere Stars dafür kritisiert, weil derartige Postings zu Nachahmung einladen. Während Menschen wie Paris Hilton voll momentanen Entzückens diese Menschenaffenbabys herzen, entgeht ihnen vollkommen, dass diese ihnen nur deshalb zur Verfügung stehen, weil den Babys ihre Mutter geraubt wurde. Während der „Endverbraucher“ eines feilgebotenen Menschenaffenwaisenkindes sich in der Rolle des Tierfreundes sieht, bietet er gerade den Grund, weshalb Tierhändler diese Babys einkaufen und zum Mord an ihren Müttern beitragen. Eine schlimme Falle, in die gutgläubige Tierfreunde da gelockt werden.

Aber welche Rolle spielt der illegale Tierhandel beim Aussterben der Menschenaffen tatsächlich? Eine relativ kleine. Der illegale Handel, national wie international, ist gewissermaßen nur das i-Tüpfelchen dieser Katastrophe. Die eigentlichen Motoren sind seit Jahren die globalisierte Wirtschaft und das Bevölkerungswachstum, und dahinter die menschliche Natur mit ihrem verständlichen Sicherheitsstreben und ihrer Neigung zur Habgier.

Wirtschaftliche Entwicklung und Entwaldung

Die Länder, in denen große Menschenaffen zu Hause sind, zählen zu den ärmsten der Welt. Das gilt vor allem für die Sub-Sahara-Region. Durch den HDI (Human Development Index) können wir „Lebensstandard" auch in Zahlen ausdrücken. Im Jahr 2015 war Norwegen das reichste Land der Erde und die Zentralafrikanische Republik auf Rangplatz 187 das ärmste. Die Demokratische Republik Kongo (DRC) mit ihren fünf nicht-menschlichen Menschenaffen lag auf Platz 176, Kamerun auf Platz 153. Die Heimatländer der Orang-Utans stehen schon besser da: Malaysia belegt Platz 62, Indonesien immerhin 110. Zum Vergleich: Die Schweiz stand an dritter, Deutschland an sechster und Österreich an 23. Stelle. Das durchschnittliche jährliche Wachstum zwischen 1990 und 2015 war mit 1,06 Prozent in Indonesien noch größer als in Malaysia mit 0,82 Prozent. DRC hatte ein vergleichbares Wachstum, startete allerdings bei einem knapp halb so großen Wert.

Aus diesen Zahlen lässt sich grob erkennen, dass trotz aller Probleme grundsätzlich der Lebensstandard auch in den armen Ländern wächst und in Schwellenländern wie Indonesien sogar nahezu doppelt so schnell wie z.B. in Deutschland. UNDP untersucht auch, ob Wachstum nachhaltig ist oder auf einer übermäßigen Ausbeutung natürlicher Ressourcen, wie Energie, Mineralien und Wald, beruht. Während die deutschsprachigen Länder ihre Ressourcen schonen und nicht ausbeuten, ist das vor allem in Malaysia, aber auch in Indonesien anders: Hier wird jährlich an dem Ast, auf dem man sitzt, gesägt. In den 22 Jahren von 1990 bis 2012 ist in Indonesien die Bewaldung um gut ein Fünftel (21,5 Prozent) zurückgegangen, in Malaysia um knapp zehn Prozent (9,4 Prozent). Das zeigt, dass arme und Schwellenländer ihren zunehmenden Wohlstand durch Raubbau an ihren natürlichen Reichtümern erwerben. Laut UNDP war Malaysia 2012 nur noch zu 61,7 Prozent von Wald bedeckt, Indonesien zu 51,4 Prozent.

Wenn man genauer untersucht, wie sich das auf den Lebensraum der Orang-Utans auswirkt, werden die Zahlen alarmierend. In den 1930er Jahren war Borneo noch fast völlig von Wald bedeckt, gutes Orang-Utan-Land erstreckte sich über gute 323.000 Hektar. Im Jahr 1989 waren es noch immerhin knapp 248.000 Hektar. Damals setzten schon große Umwälzungen ein, die auch den Lebensstil der endemischen Dayak-Völker betrafen. 1997 bedeckt gutes Orang-Utan-Habitat nur noch 162,754 Hektar von ganz Borneo. In Ostkalimantan, wo ich arbeite, gab es in den 1930er Jahren knapp 70.000 Hektar Orang-Utan-Wald, bis 2007 war das auf 8.342 Hektar zusammengeschmolzen. Das sind knapp 12 Prozent der ursprünglichen Ausdehnung von vor 90 Jahren. Klar wird: Die Konkurrenz zwischen Menschen und Menschenaffen um Wald und Land ist die treibende Kraft hinter dem Aussterben der Menschenaffen.

Die Habitatumwandlung geschieht in aufeinanderfolgenden Schritten. Zuerst kommen die Holzfäller. Wenn der Wald durch das Fällen der Urwaldriesen erst einmal degradiert ist, ist es einfach, eine Konzession für Ölpalm-Anbau zu bekommen. Wenn durch Erosion und Chemie der Ölpalm-Anbau weniger lohnend wird oder die Weltmarktpreise es nahelegen, kann man in Ostkalimantan noch immer mit Kohletagebau Geld verdienen. Gerechtfertigt damit, dass man minderprivilegierte Menschen aus der Armut befreit. Minderprivilegierte Menschen sind nicht übermäßig gebildet und brauchen eine Weile, bevor sie sehen, wer von der Übernutzung ihrer Heimat am meisten profitiert.

Lange habe ich gedacht, die schlimmste Erfindung der Menschen, abgesehen von Waffen, war die Motorsäge. Zuerst werden die prächtigsten Bäume selektiv geschlagen. Sie werden an den sogenannten logpon (von log point) gesammelt. Wie Baum-Friedhöfe muten sie an. Da liegen sie, die uralten ehrwürdigen Riesen, ihrer Kronen und Blätter bereits beraubt, oft ist sogar ihre Rinde gefleddert. Unbeweglich, noch duftend, aber bereits tot. Dutzende und Aberdutzende von Baumstämmen herbeigeschleift wie Achilleus an seinen Haaren. Weiter innen im Wald sieht man die Schleifspuren, wo die Stämme von den Hängen geholt wurden, die aufgerissene rote Erde wie eine offene Wunde.

Die Entwaldung in Ostkalimantan ist so vorangeschritten, dass ich fast nie ein größeres zusammenhängendes Stück Primärwald gesehen habe. Es hat sich aber inzwischen gezeigt, Orang-Utans können in nachhaltig bewirtschafteten Konzessionen mit selektivem Holzeinschlag ganz gut leben. In nachwachsenden älteren Sekundärwäldern finden sie vielleicht sogar mehr zu essen als in Primärwäldern. Orang-Utans können auch – vorübergehend – ganz gut zurechtkommen in industriellen Monokulturen von Akazien oder Ölpalmen. Dort warten jedoch andere, lebensbedrohliche Gefahren auf sie.

Die erste Welle der großflächigen Abholzung hat vermutlich, wir haben hier kaum Vergleichsdaten, schon zu einer Abnahme der Orang-Utan-Zahlen geführt, weil pro Flächeneinheit weniger Nahrung vorhanden war.

Palmöl

Der große wirtschaftliche Aufschwung in Indonesien und auch in Malaysia ist ganz klar mit dem Triumphzug der Ölpalme verbunden. Unterstützt durch Förderprogramme der Regierung, hat sich seit den 1980er Jahren die aus Westafrika kommende Ölpalme als „cash crop“ (Bargeld-Pflanze) in Indonesien durchgesetzt. Sie gedeiht optimal in Äquatornähe bei Temperaturen um 30 Grad Celsius, hoher Luftfeuchtigkeit und kurzen Trockenzeiten. Das ist für sich genommen etwas ironisch, denn gerade die Klimaveränderungen durch die Regenwaldvernichtung werden langfristig dafür sorgen, dass der Ölpalm-Anbau in Indonesien weniger lukrativ werden wird. Im Jahr 2010 bedeckten Ölpalmen bereits über 5 Millionen Hektar Land. Noch steigt weltweit die Nachfrage nach Palmöl, das jetzt schon weltweit das am meisten produzierte Pflanzenfett ist. Indonesien (54 Prozent) und Malaysia (31 Prozent) allein produzieren 85 Prozent der jährlichen 70 Millionen Tonnen Palmöl. Palmöl ist heute in nahezu jedem Produkt – von Reinigungsmitteln bis zu Schokolade – zu finden und wird sogar als Ökotreibstoff gehandelt. Die fortwährende Ausbreitung der Ölpalm-Plantagen ist die Hauptursache für die Vernichtung von Orang-Utan-Habitaten. Kampagnen, vor allem von WWF und Greenpeace, haben dies der Weltöffentlichkeit vor Augen geführt. In den westlichen Ländern führt das allmählich zu einem zunehmend kritischen Konsumentenbewusstsein. Imageschäden in westlichen Ländern übersetzen sich in finanzielle Risiken für Firmen, die viel palmölhaltige Produkte verkaufen. So entstand im Jahr 2003 der Runde Tisch für Nachhaltiges Palmöl (RSPO) – ein Zusammenschluss von großen Palmölproduzenten, Weiterverarbeitern und Endproduktverkäufern. Ebenfalls beteiligt sind Banken sowie wichtige soziale und naturschutzorientierte NGOs. Die Idee war, zertifiziertes nachhaltig produziertes Palmöl (CSPO) für kritische Verbraucher herzustellen. Diese Initiative war bislang nicht von durchschlagendem Erfolg gekrönt. In Indonesien wird CSPO von weniger als drei Prozent der Plantagen (Estates mit mehr als 0,5 Hektar) angebaut. CSPO macht bis heute nur 20 Prozent der weltweiten Palmölproduktion aus. Nur etwa 10 Prozent werden unter dem CSPO-Label zu einem höheren Preis verkauft. Der Rest verschwindet in der Masse des nicht nachhaltig produzierten Öls. Das liegt zum Teil daran, dass bisher nur westliche Länder Wert auf Nachhaltigkeit bei der Produktion von Palmöl legen. Selbst in der EU trat erst 2015 eine Regelung in Kraft, nach der Palmöl gegenüber anderen Speisefetten explizit kennzeichnungspflichtig ist. Ein wichtiger Grund aber dürfte vor allem darin bestehen, dass selbst, wo CSPO draufsteht, nicht wirklich CSPO drin ist – oder nur in homöopathischen Dosen. „Green Palm“ z.B. steht für eine Mixtur aus CSPO und konventionellem Palmöl, bei der weder die Herkunft noch der Anteil von CSPO nachgeprüft werden kann. Ein Eldorado für Trittbrettfahrer. Wo aber die Verbraucher kein Vertrauen in das Label haben, zahlen sie natürlich auch keinen höheren Preis.

Diese Zusammenhänge sind schon seit Jahren bekannt, aber die Palmölindustrie hat sich schwergetan, darauf zu reagieren und beugt sich erst dem fortwährenden Druck von Naturschutzorganisationen wie Greenpeace und letztlich dem der Verbraucher. Anfang 2015 hatte der RSPO 1.100 ordentliche Mitglieder. Für einen auf Konsens, Geschlossenheit und Teilhaberschaft ausgerichteten Zusammenschluss bedeutet dies natürlich, dass Entscheidungsprozesse extrem schwerfällig sind und das ganze Netz nur so stark wie seine schwächsten Glieder ist. Das andauernde Ringen hat 2014 endlich zu Nachjustierungen geführt: RSPO möchte nun weltweit – nicht nur im Westen – die Nachfrage nach CSPO steigern, und zwar, indem durch verbesserte Transparenz und Nachverfolgbarkeit das Vertrauen in das CSPO-Label gestärkt wird. In diese Vertrauensbildung muss die gesamte Lieferkette eingebunden werden, nicht nur die Rohstoffproduzenten.

Zusätzlich sind Naturschutzorganisationen mit wichtigen Firmen, die sie bisher kritisiert haben, Partnerschaften eingegangen, um den Teufelskreis von Ölpalm-Expansion und Habitatzerstörung zu durchbrechen. Die Teilnehmer an dieser „Keine Entwaldungs“-Politik haben sich verpflichtet, keine Wälder mehr für Plantagen zu vernichten. Es gibt auch genügend bereits degradiertes Land, das man hierfür verwenden könnte. In Indonesien allein sind 7,3 Millionen Hektar Land als *degradiert* eingestuft.

Kleinbauern und Familienbetriebe erzeugen derzeit ca. die Hälfte der Ernten. Sie produzieren unökonomischer und unökologischer als die großen Firmen und sind nicht in den RSPO eingebunden. Diese Produktionsweise ist der lokalen Bevölkerung dennoch lieber, als sich als Tagelöhner oder Erntearbeiter an Großproduzenten zu verdingen. Sie müssten in der Zukunft in die Nachhaltigkeitsprozesse mit eingebunden werden, nicht zuletzt, damit sie nicht länger von ihrem angestammten Land vertrieben werden können und sich neues, bislang nicht reklamiertes Land suchen müssen. Auf dem Weg zur Auswilderungsregion Kehje Sewen von BOSF durchfährt man stundenlang Ölpalm-Plantagen. Wenn man anhält, ist es still. Keine Zikaden, keine Vogelstimmen, kein Rascheln von Eichhörnchen im Gezweig. Perfekt gepflegte breite Forststraßen durchschneiden die Anbausektoren, Brandgefahrmelder mit ihrer Skala von Grün-Gelb-Rot stehen an jeder Ecke. Arbeiter mit Giftspritzen auf dem Rücken und ohne Schutzkleidung sind zwischen den Palmen zu sehen. In der Erntezeit liegen die Büschel der rotbraunen Ölpalmfrüchte am Wegesrand zum Aufladen bereit. Kleine Lkw, die aussehen wie Spielzeugwagen, kommen vorbei. Junge Männer springen herbei und spießen die Büschel mit Metallstäben auf, um sie dann drei Meter hoch über die Wand des Lkws zu werfen. Schweißglänzende Körper. Wenn sich der Laderaum füllt, stehen oben weitere Arbeiter, um die Büschel platzsparend zu schichten. Es erinnert mich an Heuaufladen an einem heißen Sommertag. In den Arbeitersiedlungen auf den großen Plantagen wohnen die Menschen einfach, aber geordnet, sogar der Müll wird gesammelt. Hunde streunen herum. Und Kinder.

Als ich die Dörfer der Dayak Wehea 2008 das erste Mal sah, hat es geregnet und alles versank im Schlamm der unbefestigten Straßen. Im Jahr 2013 waren die Straßen bereits aus Beton, die Holzhäuser stattlich: Einkommen aus dem Ölpalm-Anbau. Allerdings war im Sommer das Land von rotem Staub bedeckt, die Palmwedel grau und die Luft staubgeschwängert, zum Husten. Im Dezember 2015 stand alles unter Wasser. Die neuen Betonstraßen waren überflutet, ein kleines Mädchen planschte und spritzte ihren nackten kleinen Bruder nass. Pak Musa, Herr Moses, berichtete von den zunehmenden Problemen durch Überschwemmungen, die auftreten, seit es eine Kohlemine am Dorfrand gibt. Menschen mit traditionellen Hüten und mit Rattankörben auf dem Rücken fahren elegant mit dem Motorrad durch die Überschwemmung, eine Flinte über der Schulter, während ihr Kleinkind stolz vor ihnen und ihre Frau hinter ihnen sitzt.

Änderungen des Lebensstils der Dayak

Verbunden mit der wirtschaftlichen Entwicklung ist die Migration von Bürgern innerhalb Indonesiens, Transmigrasi genannt. Weiträumige Abholzungen auf Borneo begannen mit der Produktion von „Dschungel-Kautschuk", für die vor allem Arbeiter aus Java geholt wurden. Aufgrund der besseren Böden war die Bevölkerungsdichte auf Java und Bali von jeher höher also auf Borneo. Anfang dieses Jahrtausends lebten rund die Hälfte aller Indonesier auf Java, das nur 7 Prozent der Staatsfläche ausmacht. Das Umsiedelungsprogramm für Arme aus den dicht bevölkerten Inseln hin zu dünn besiedelten Inseln wie Borneo wurde von den niederländischen Kolonialherren begonnen und später von Suharto forciert, so dass ab 1980 hundertausende Umsiedler pro Jahrzehnt nach Kalimantan strömten. Die Weltbank unterstützte die wirtschaftlichen Anreize für Umsiedler. Die Demographie Kalimantans änderte sich dramatisch.

Aus der Kolonialzeit stammte auch die Idee, dass Urwald niemandem gehöre und somit Staatseigentum sein sollte. Das änderte sich zwar nach der indonesischen Unabhängigkeit, doch unter Präsident Suharto wurden die Dayak sukzessive wieder ihrer Land- und Mitbestimmungsrechte beraubt. In der Folge wurde die Landnahme der Einwanderer, die nach ihrer Umsiedelung vergeblich auf die versprochene Schlaraffenlandsituation warteten, aggressiver. Verständlicherweise versuchten sie Borneos Böden mittels ihrer eigenen tradierten landwirtschaftlichen Methoden, nicht mit den erprobten der Dayak, einen Lebensunterhalt abzuringen, z.B. Nass- statt Trockenreisanbau. Die Dayak wurden zu Minderprivilegierten in ihrer eigenen Heimat. Es kam zu teils massiven ethnischen Konflikten.

Die indigenen Rechte wurden nach dem Ende der Suharto-Regierung im Zuge der Dezentralisierung zurückgegeben, doch leider stellte sich die erhoffte Wende zur Nachhaltigkeit bei der Landplanung nicht ein. Das Interesse der lokalen Bevölkerung, endlich auch mal etwas vom Kuchen abzubekommen, war weitaus größer als ihr Wissen über Langzeitfolgen von Raubbau.

In Ostkalimantan leben heute im Schnitt zwei Orang-Utans auf einem Quadratkilometer. In den 1990er Jahren lebten die Ureinwohner Kalimantans, die Dayak, in einer Dichte von 14 Menschen pro Quadratkilometer. Bei dem traditionell praktizierten Wanderfeldbau wird Brandrodung betrieben, durch die nicht nur Wald kräftesparend beseitigt, sondern zugleich auch der karge Boden gedüngt wird. Nach höchstens fünf Jahren sind die Böden erschöpft und müssen bis zu 25 Jahren ruhen. Brandrodung wird häufig in den zwischenzeitlich nachgewachsenen ehemals landwirtschaftlichen Gebieten, nicht in Primärwald praktiziert. Die Dayak-Gruppen beanspruchen bestimmte Gebiete als ihre traditionelle Heimat. Unter Suharto wurden sie in der Regel umgesiedelt und in Dörfern sesshaft gemacht, die oft weit von ihren traditionellen Wäldern entfernt waren.

Gezielte Tötung von Orang-Utans

Logisch, dass Orang-Utans sterben, wenn immer weniger Urwald für sie zur Verfügung steht. Dass es sich hierbei nicht um eine rein passive Verdrängung mit indirekter Todesfolge handelt, hat der Naturschützer Erik Meijaard nachgewiesen. Dort, wo natürlicher Wald in Holz- und Ölpalm-Plantagen umgewandelt wird und sich zunehmend menschliche Siedlungen mit ihren Gärten und Reisfeldern breitmachen, kommt es zu Konflikten mit heimatlosen hungrigen Orang-Utans. Bei diesen Konflikten um von Menschen angebaute Früchte ziehen die Orang-Utans schlussendlich den Kürzeren. Meijaard hat Einwohner von Kalimantan befragen lassen, wie oft es zwischen ihnen und Orang-Utans zu Konflikten kommt. In Ostkalimantan berichteten knapp ein Fünftel der Befragten, dass es Konflikte, fast zehn Prozent, dass es wöchentlich bis monatlich Konflikte mit Orang-Utans gebe. In Zentral- und Westkalimantan waren die Konflikte etwas seltener. Fast die Hälfte der Befragten versuchte die ernteraubenden Orang-Utans zu vertreiben. Immerhin 232 Personen sagten aus, dass sie einen Orang-Utan getötet hätten, 80 von ihnen mehr als einen und 25 behaupteten, zwischen drei und 100 Orang-Utans getötet zu haben. Einige waren spezialisiert auf die Eliminierung von Orang-Utans, andere gaben Selbstverteidigung als Grund an. Die meisten Orang-Utans wurden getötet aus Futterneid, um eigene Gärten zu schützen, weil sich Leute bedroht fühlten, oder um Plantagen zu schützen. Im Jahr 2011 ging ein Sturm durch die indonesischen Medien, weil Orang-Utan-Massengräber in der Nähe einer Palmöl-Firma gefunden worden waren. Die Sache wurde untersucht, Arbeiter gaben an, dass Kopfgelder von der Firma ausgesetzt worden waren. Am Ende wurde ein Manager von nicht sehr hohem Rang zu einem Jahr Gefängnis verurteilt.

Die meisten Orang-Utans werden dort getötet, wo ihr Wald direkt an bereits von Menschen okkupiertes Gebiet angrenzt, in der Nähe von Ölpalm-Plantagen, Reisfeldern oder Holz-Plantagen für Papier und Zellstoff, und von Menschen, die regelmäßig zum Holzfällen und Jagen in den Wald gehen. Ich nenne das die Ausrottungsfront. Die Mehrheit der Befragten waren Dayak, denn sie leben in den entlegenen Gebieten. Sie waren schlechter informiert über die nationalen Gesetze zum Schutz der Orang-Utans als die Immigranten. Personen, die von traditionellen Tabus, Orang-Utans zu töten, wussten, setzten sich mit Leichtigkeit über diese Regeln hinweg. Tradition schützt also Orang-Utans nicht und moderne Gesetze sind der minderprivilegierten Bevölkerung gar nicht bekannt. Hochrechnungen aus dieser Befragung legen nahe, dass bis zu 3,6 Prozent der (2010) verbliebenen 42.500 Orang-Utans in Kalimantan pro Jahr vorsätzlich getötet werden. Bei der langsamen Fortpflanzungsrate der Orang-Utans führt aber schon eine Dezimierung von über einem Prozent zum Aussterben.

Kohletagebau

Man sollte meinen, das wäre alles schon schlimm genug. Aber es geht noch schlimmer. In Ostkalimantan gibt es Kohle. Sie liegt dicht unter der Oberfläche, oft kann man sogar Kohle direkt am Waldboden, besonders an Bachläufen aufsammeln. Diese Kohle wird jetzt großräumig im Tagebau abgebaut. Ganze Städte sind entstanden, um die Kohlenarbeiter zu beherbergen, aus Australien z.B. sind Spezialisten zugezogen, mit ihren Familien und eigenen Schulen und Gesundheitsversorgung. Es gibt eigene Radiosender für die Mitarbeiter. Große Kohleminen sind erschütternd anzusehen. Reine Mondlandschaften, erschreckend schön, die aufgeschnittene Erde mit ihren Schichtverläufen. Besonders bedrohlich sind vor allem auch die kleinen, oft illegalen Minen, die jeglicher Kontrolle weitgehend entzogen sind. Man weiß, dass in den Tropen, zumal in Borneo, die fruchtbare Krume dünn ist und sowieso schon mager – durch den Tagebau wird sie einfach abgetragen und zurück bleibt eine Wüste. Überschwemmungen setzen ein, wenn die tropischen Regenfälle kommen.

Und die Orang-Utans? Verhungern. Meine Freundin Citra wurde gerufen, ein Orang-Utan-Weibchen in einer Kohlekonzession zu autopsieren: In dem stark abgemagerten Körper fanden sie keinerlei Nahrungsreste, nur Brocken von Kohle.

Wenn man, wie ich, Menschenaffen schützen will, dann wird einem immer wieder die Frage gestellt, ob es nicht vordringlich sei, dass es zuerst einmal allen Menschen gut geht. Ist es nicht wichtiger, alle Menschen von Armut und Unterdrückung zu befreien? Besonders in Indonesien wird schnell einmal suggeriert, dass Naturzerstörung der einzige Weg sei, Menschen aus Hunger und Armut zu holen. Wer also Tiere schützt, der könne kein Menschenfreund sein. Meiner Erfahrung entspricht das nicht. Es gibt großzügige altruistische Menschen. Sie helfen, wo sie Not sehen, spenden für verschiedenste Zwecke. Vielleicht arbeiten sie in ihren Ferien als Volontär bei einer Ausgrabung, dazu unterhalten sie eine Orang-Utan-Patenschaft. Und dann gibt es die anderen.

Mir scheint, als hätte man eben einfach ein weites Herz, oder ein enges. Wer ein weites Herz hat, bekämpft auch Armut, Krankheit oder sorgt für die Ausbildung minderprivilegierter Mädchen. In so einem Herzen ist immer noch Platz für eine heimatlose Katze.

Recht auf Heimat?

Um die Lage der Orang-Utans zu verbessern und ihre Rechte zu schützen, hat die indonesische Regierung vor zehn Jahren zusammen mit NGOs, Vertretern der Wirtschaft und wissenschaftlichen Experten einen Aktionsplan erarbeitet. Darin wird anerkannt, dass das Schicksal der „Waldleute" untrennbar mit der Nachhaltigkeit der Regenwälder verquickt ist. Als problematisch wird angesehen, dass Hunderte von Orang-Utans in Rettungsstationen von NGOs festsitzen. Gemeinsam einigte man sich darauf, bis 2015 sollten all diese Orang-Utan-Flüchtlinge wieder zurück in Wäldern sein. Entscheidend waren dabei der Gedanke und die Tatsache, dass alle Interessengruppen sich auf dieses Ziel einigen konnten. Implizit wurde somit das Recht der Orang-Utans auf eine Heimat anerkannt und lebenslange Haft für die Opfer von illegalen Handlungen abgelehnt.

Faktisch bleibt es schwierig, geeignete Auswilderungsgebiete zu finden und einige NGOs sind so weit gegangen, Konzessionen für nachhaltige Forstwirtschaft, zum Beispiel Wald-Restaurierung, zu erwerben. Damit begibt man sich in rechtliche Bereiche, die für gewinnorientierte Gesellschaften definiert wurden. Konzessionen sind sehr teuer – sie können Millionen von US-Dollars kosten. Anschließend ist man verpflichtet, viele kostenträchtige Investitionen zu tätigen, die nur indirekt mit Orang-Utans zu tun haben – beispielsweise Grenzdemarkation. Diese Kosten werden von Menschen aufgebracht, die aus reiner Gutherzigkeit und Idealismus die Arbeit von NGOs mit Spenden ermöglichen. Ich finde, man kann diesen Menschen gar nicht genug danken!

Es gibt kein staatliches Straßennetz, sodass man über Zugangswege mit Nachbarkonzessionen und der lokalen

Bevölkerung verhandeln muss, die derartigen Idealismus nicht unbegrenzt teilt. Auch die Flächendefinition der Konzessionen richtet sich nicht nach dem, was für Orang-Utans und ihren Schutz praktisch ist, sondern nach früheren Grundbucheinträgen. Es kann also passieren, dass nur ein Bruchteil der Konzession wirklich Orang-Utan-Habitat ist, oder die Form des Schutzgebietes nicht kompakt ist, sondern ausgefranst mit langen, mühsam zu patrouillierenden Grenzen. Nachdem es so schwierig ist, Auswilderungsgebiete zu etablieren, besteht die Gefahr, sie zu sehr mit ausgewilderten Orang-Utans „vollzustopfen". Die reale Tragekapazität des Gebietes muss ständig empirisch überprüft werden. Damit tatsächlich ein Beitrag zum Artenschutz geleistet wird, müssen überlebensfähige Populationen – so um 500 Orang-Utans – aufgebaut und geschützt werden. Hierbei spielen Migrationskorridore, also geschützte Gebiete, durch die Orang-Utans zu- und abwandern können, eine wichtige Rolle und dies kann nur in Kooperation mit weiteren Interessengruppen erreicht werden.

Im Naturschutz spricht man oft von „Schirm-Arten" (umbrella species), die in der Allgemeinheit besondere Sympathien erwecken und unter deren „Schirm" andere weniger beliebte Arten ebenfalls Schutz finden. Mit Kamerafallen konnten wir nachweisen, dass es mindestens elf bodenlebende bedrohte Tierarten in *Kehje Sewen* auf dem Stammesgebiet der Dayak Wehea gibt, darunter die Borneo-Goldkatze, Schweinsaffen und Nebelparder – sie werden von ausgewilderten Orang-Utans beschirmt.

Orang-Utan-Kleinkinder passen perfekt in unser „Kindchenschema".

Wenn genug zu essen da ist, sind Orang-Utans gern gesellig. Im Gegenlicht ist die Körpergestalt der heranwachsenden Orang-Utans gut zu erkennen. Sie besuchen die Futterstelle in der Waldschule, verankern sich dabei bevorzugt in einer halbhängenden Haltung an Ästen.

li. o.: Man versteht sich: gegenseitiges Lächeln
li. u.: Sri wuchs zu einem entzückenden kleinen Mädchen heran, das am liebsten mit Menschen Kontakt hatte.
re.: Orang-Utans finden, dass Menschen komische Nasen haben.

Bungan in Freiheit – sie isst Bambusschösslinge.

li.: Noch ungläubig fragt sich Lou, ob ihr von diesen Menschen wirklich keine Gefahr droht.
re. o.: Vertrauenstest: Der acht Monate alte Saragih steckt der neunjährgen Kiki seinen kleinen Finger zwischen die Zähne, nachdem sie ihn zuvor überaus zärtlich geküsst hatte.
re. u.: Mit ca. neun Monaten war Heli nicht imstande, die Zweige in ihrem „Nest" bequem zu arrangieren, obwohl sie es wirklich versuchte.

Aus 15 Metern Höhe schaut Lesan zu mir herab, ihre Lippen sind mit Baumharz verklebt.

3

WALDELFE LESAN

Auf der Suche nach Lesan bin ich im Wald *Kehje Sewen* unterwegs. Obwohl das Gelände schwierig ist, steil und schlüpfrig, hat sich der Wald mir geöffnet. Lesans Telemetrie-Signal folgend habe ich ein zauberhaftes Plätzchen im Sonnenlicht am Bach gefunden. Kreisförmig angeordnete Blätter und ein abgeernteter Rattanschössling lassen vermuten, hier hat vor Kurzem ein Otang-Utan gerastet.

Ich versuche mich neu zu orientieren. Lesan ist sehr wahrscheinlich am anderen Ufer. Dorthin zu klettern sieht zunächst unmöglich aus, am Abhang liegt der Stamm eines umgestürzten Riesenbaums, glitschig und glänzend. Darüber das frische Hellgrün von Macaranga-Blättern. Ich bewege mich auf den Stamm zu und sage leise, gerade laut genug, um den rauschenden Fluss zu übertönen: „Lesan! Lesan, ich komme, um dich zu sehen." Nichts. Das Signal bietet keine Hilfe mehr. Sie muss hier sein. Ganz nah. Vermutlich hoch oben. Wahrscheinlich in den Macaranga-Bäumen, sehen kann ich sie aber nicht. Ich sitze und lausche und starre. Drei trockene Blätter, eines in Orange, schweben herab. Ein Windhauch streichelt die Baumwipfel. Ein Zweig knackt. Genau da, wo die Blätter herabgesegelt sind. Lesan ist dort. Mehr Blätter, wieder trockene, und wieder von derselben Stelle. Und dann sehe ich sie. Hoch oben, wie eine Elfe – schwerelos: Macaranga-Blätter und orange leuchtendes Lesan-Haar. Rasch packe ich meine Kamera aus. Sie ist genau über mir. Dann ein lautes Knacken und krach! Ich hechte zum schützenden Stamm, schmiege mich an, erschrocken und besorgt um Lesan. Doch mein Hirn sagt mir bereits, dass sie sicher ist, denn es gab weder einen Aufschlag noch einen Schrei. Sie ist noch oben. Vollkommen still. Ich lache atemlos und sage ihr, dass sie mich erschreckt hat. „Ja, du mich auch." „Siehst du? Meine Knie zittern noch immer!" Ungelogen! Sie gibt zwei beunruhigte Laute von sich. Kurz darauf steigt sie geschwind vom Baum. Ich wundere mich, mache aber weiter Fotos. Sie reißt eine kleine Liane ab und klettert rasch wieder hinauf. Keine Ahnung, was sie da tut. Aus sicherer Höhe betrachtet sie mich, an der Liane kauend. Als sei das nur ein Vorwand gewesen, um mich besser in Augenschein nehmen zu können. Rasch herunter, einen Blick – und wieder ab nach oben. Ich frage mich, ob ich sie überrascht und ins Straucheln gebracht habe. Absichtlich unbeholfen stolpere ich herum, mache banale harmlose Geräusche, täusche vor, mit etwas anderem beschäftigt zu sein, rutsche wirklich aus, rapple mich auf. Nach einer Weile ist Lesan vollkommen entspannt und betrachtet mich neugierig. Sie ist hier ganz in ihrem eigenen Reich.

Lesan beschließt, wieder herunterzukommen, wählt einen schmalen Stamm, nicht weit von meinen Habseligkeiten entfernt. Ich mache einen Schritt auf meine Sachen zu, sicher ist sicher. Sie spaziert zu einer Liane, setzt sich auf der mir abgelegenen Seite nieder, von wo sie mich gut im Blick hat, und beginnt in aller Gemütsruhe die Rinde abzuschälen. Ich mache noch mehr Fotos. Oh, wie bin ich begeistert! Es ist so klar zwischen uns, dass ich hier in ihrem Wald ihr Gast bin. Ein willkommener Gast, solange ich mich benehme, aber bei ihr daheim. Nach einer Weile scheint sie zu fragen: „Na, was hast du nun vor? Mir einfach zu folgen?“ Sie kommt auf mich zu, ich sitze am Boden und kann mich nicht unauffällig entziehen. Sie kommt bis auf dreißig Zentimeter heran und miept mir sanft ins Gesicht. Leise lachend schimpfe ich sie aus, weil sie den halben Wald mit sich herumträgt, Rindenstaub und Pflanzenreste im Baumharz um ihre Lippen und auf ihrem Handrücken, ein echter Camouflage-Kleber. Immer noch kaut sie auf Fasern herum. Ich blicke auf ihr Essen und bedeute ihr mit gespitzten Lippen, dass ich etwas davon haben möchte. Ein sicheres Mittel, einem Menschenaffen den Spaß an Nähe zu verderben. Sie wendet ihr Gesicht ab und spaziert fort; offensichtlich erwartet sie, dass ich hier bin, um ihr zu folgen. Sie geht um einen anderen großen Baum herum und bricht im Vorübergehen ein

Ameisennest ab, setzt sich hin und pickt in aller Ruhe mit Lippen und Zungenspitze Ameisen und Larven heraus. Dann wandert sie davon, bergauf, und dann bereits wieder in den Wipfeln. Ich stolpere mühsam hinterher, und wie ich zu ihr aufsehe, kommt es mir so vor, als beobachte sie mich ein wenig nachsichtig. Wenn ich ihren etwas herablassenden, aber doch auch verständnisvollen Blick in Worte fasse, denkt sie: Was kann man schon erwarten? Mit ihren Krüppel-Füßen, mageren Spaghetti-Ärmchen und lächerlich langen Beinen? Sie geben sich ja Mühe, erdgebunden, wie sie sind. Die Armen!

Als ich wieder sicheren Boden unter den Füßen habe, ist sie fort. Sie sitzt schon in der nächsten Macaranga-Gruppe und mampft genüsslich vor sich hin. Gegen den Himmel kann ich die Dolden der winzigen Früchte ausmachen und Lesans Profil. Mit ihrer freien Hand biegt sie die Fruchtstände zu ihrem Mund und küsst gekonnt eine der winzigen Beeren nach der anderen ab. Unten ist der Waldboden übersät von den Früchten mit ihrer lila Haut und den schwarzen, sesamkorngroßen Samen.

Ich packe meine Kamera ein und verabschiede mich von Lesan. Langsam und umständlich klettere ich hoch, arbeite mich durch Farne, hohes Gras und mache bei einigen Büschen halt. Plötzlich taucht Lesan in Tuchfühlung an meinen Beinen auf. Einen Moment lang bin ich fast verärgert: Will sie sich mir etwa anschließen? Aber als ich ihr ins Gesicht blicke, das sie erhoben hat, um mir in die Augen zu sehen, wird mir klar, dass sie eigene Absichten verfolgt: „Zusammen?" Zögernd mache ich einen weiteren Schritt auf die ziemlich breite Forststraße hinaus, da geht sie an mir vorbei, und vor mir her, überquert rasch die Straße. Auf der anderen Seite dreht sie sich um, sieht mich an und macht klar, dass sie genau hier im Unterholz verschwinden wird. Allein! Jetzt verstehe ich: Sie wollte meinen Schutz, um die Straße zu überqueren. Sie hatte gar kein Interesse daran, mit mir zusammen die Straße entlangzugehen. Auch Mails Verhalten am Tag zuvor verstehe ich nun besser: Die Überquerung der breiteren Straßen zwingt sie, von den Bäumen herabzuklettern. Und sie sind klug genug, um Straßen mit Gefahr zu verbinden. Lesan lässt die Straße so rasch wie möglich hinter sich, durchquert lieber die dichte Vegetation, die ich aus Furcht vor Schlangen und Blutegeln eher meide. Lesan! So eine Elfe.

—

EIN UNRECHT RICHTEN: DIE DREI „R"

Frei geboren

Zu Weihnachten 1962 schenkten sich meine Eltern das Buch „Frei geboren" von Joy Adamson. Die englische Originalausgabe war zwei Jahre zuvor erschienen und sofort ein Bestseller geworden. Die Geschichte handelt von der Löwin Elsa, deren Mutter von Mr. Adamson, einem Wildtierhüter in Nordkenia, erschossen wurde. Als Wildhüter war es seine Aufgabe, die Wilderei zu bekämpfen, aber auch Tiere zu töten, die der lokalen Bevölkerung gefährlich wurden. Dass die Löwin ihn angriff, um ihre Jungen zu verteidigen, wurde ihm erst zu spät klar. Ihre Jungen jedoch konnte er finden und brachte sie nach Hause. Elsas beide Schwestern wurden an den Zoo in Rotterdam abgegeben, doch Elsa selbst wurde von Mrs. Adamson, übrigens einer geborenen Schlesierin, großgezogen. Die „Löwin in zwei Welten" – so der deutsche Untertitel – schloss sich gefühlsmäßig an ihre Adoptiveltern an und Joy Adamson berichtet über ihr Projekt, Elsa zu einem richtigen Löwen zu erziehen, und die Versuche, sie wieder auszuwildern. Im Klappentext und auch im Vorwort wird der Bericht als ein Dokument der Tierpsychologie angepriesen.

Was hat diese Geschichte derart erfolgreich gemacht? Meines Erachtens liegt der Grund für diesen Erfolg in unserer Faszination für Grenzüberschreitung mit der ihr eignen Gefahr des Sich-Verlierens, der Heimatlosigkeit im Grenzgebiet zwischen zwei Welten, der menschlichen und der ostafrikanischen Steppe. In dieser wilden, herzzerreißend schönen Landschaft wurden westliche Menschen zu Großwildjägern, lebten als Kolonialherren noch nach dem Ende der Kolonialzeit in einem eigenartigen Zwischenstadium von Zivilisation und – wie man damals glaubte – Rückkehr zu einem Urzustand, jenseits von Schuld, in dem der Mensch sich im Einklang mit der Natur als Jäger ernährte und im Kampf mit der Natur seine Männlichkeit bewies. Es ist unser

Traum von der Rückkehr ins Paradies, einer Welt, in der wir mit den Tieren sprechen und mit ihnen eins werden können. Einer Welt, in der wir eines der Tiere sind, und zwar am liebsten das herrlichste. In dieser Welt das Vertrauen des Königs der Tiere zu erlangen und eine Löwenprinzessin aufzuziehen und zu unterrichten, bis sie imstande ist, ihr Erbe anzutreten, muss berauschend sein. Es ist eine Geschichte von Verbundenheit und unwiderruflicher Getrenntheit – zugleich tragisch und intim.

Natur wird schutzbedürftig

In den 1960er Jahren wurde das Verhältnis der Menschen in westlichen Industrienationen zur Natur neu gestaltet. Die beiden Weltkriege hatten unser Selbstbewusstsein als Menschen gebührend erschüttert, eine technologie- und industriekritische Haltung breitete sich aus, zusammen mit dem Bewusstsein, dass die Natur nicht mehr unerschöpflich war, sondern von Menschen bedroht. Während in Europa die Wirtschaft boomte und in Übersee die ehemaligen Kolonien unabhängig wurden, suchten Organisationen wie die UNESCO durch Zusammenarbeit mit der IUCN Wege, durch Umweltgesetze und Richtlinien die Natur international zu schützen. Der WWF – bis heute Inbegriff für Naturschutz – wurde 1961 gegründet. Der Grundstein für das internationale Artenschutzabkommen CITES, das bedrohte Tier- und Pflanzenarten schützt, wurde 1964 gelegt – im selben Jahr, in dem zum ersten Mal die berühmte „Rote Liste“ der am stärksten bedrohten Arten veröffentlicht wurde. Zugleich war die Fremde näher gerückt und stand in der veränderten Nachkriegswelt mehr Menschen offen als je zuvor, nicht nur durch moderne Verkehrsmittel, sondern auch durch eine zunehmende Demokratisierung des Wissens und der Information, wobei populärwissenschaftliche Fotojournale und zunehmend Film und Fernsehen eine wichtige Rolle spielten.

Zur gleichen Zeit wurden in der Olduvai-Schlucht im heutigen Tansania eine Vielzahl von Vor- und Frühmenschenfossilien gefunden. Diese Funde lieferten den Auftakt für die moderne Anthropologie, die Wissenschaft von der Stellung des Menschen in der Natur. Richard Leakey war ein bedeutender Anthropologe, der sich nicht nur für menschliche Abstammung interessierte, sondern auch für unsere lebenden nächsten Verwandten: die großen Menschenaffen. Aus ihrem natürlichen Verhalten erhoffte man sich Rückschlüsse auf das Verhalten unserer Vorfahren ziehen zu können. In der Aufbruchsstimmung der 60er Jahre interessierten sich Frauen für diese exotischen Forschungsprojekte, die sie in die Ferne und in die Wildnis führten.

Jane Goodall begann in Gombe Schimpansen zu beobachten; Dian Fossey widmete ihr Leben den Berggorillas bei den Virunga-Vulkanen; und Birutė Galdikas entschied sich, im indonesischen Borneo Orang-Utans zu erforschen. Diese jungen Frauen waren keineswegs die ersten, die die Freilandforschung über Menschenaffen in Angriff genommen haben. Mich hat jedoch immer beeindruckt, dass sie den Mut hatten, allein in die Fremde zu ziehen, in Regionen, mit einem Beigeschmack von King Kong und Tarzan, die sicher voller Abenteuer und Gefahren steckten, und das zu einer Zeit, als Emanzipation und Chancengleichheit noch in den Kinderschuhen steckten. Ihnen ist bestimmt oft der scharfe Wind männlicher Konkurrenz um die Ohren gepfiffen.

Alle drei waren alsbald mit der Bedrohung der Menschenaffen durch Menschen konfrontiert. Alle drei waren keine reinen Beobachterinnen, sondern Menschen, die sich einmischten. Frauen, die sich verteidigend vor ihre Schützlinge stellten und sich zu ihren Fürsprechern und Botschaftern gemacht haben. Die wissenschaftliche Seriosität aller drei Frauen ist in Fachkreisen bis heute Gegenstand von herabsetzenden Zweifeln. Es ist aber auch die Mehrzahl der „reinen" Wissenschaftler nur medioker, doch nur die wenigsten setzen sich mit ihrer ganzen Lebenskraft für die Erhaltung und das Wohlergehen ihres Forschungsobjektes ein. Jane Goodall erzählt zuweilen in ihren Vorträgen von dem Klima, in dem sie ihre Dissertation verfasste. Ich habe das in meiner Ausbildung auch noch kennengelernt: die sogenannte Wertfreiheit der Wissenschaft und das Tabu, Tiere zu vermenschlichen.

Einer der Ersten, der menschliche Begriffe für Affensozialverhalten verwendete, war der niederländische Verhaltensforscher Frans de Waal. Zuvor mussten seine Definitionen die strengen Kriterien van Jan van Hooff passieren. In ihrem Zwiegespräch begann sich das „Vermenschlichen" abzuheben von der Anerkennung der Gemeinsamkeit: hier das echte Vermenschlichen – dort die geteilte Menschenaffenartigkeit. Frans sprach von Versöhnung bei Affen, andere wollten es lieber Post-Konflikt-Affiliation nennen.

So einiges, worum Jane Goodall kämpfen musste, ist inzwischen wissenschaftlicher Mainstream geworden. Viele Wissenschaftler setzen sich heute für Natur- und Artenschutz ein. Dennoch ist es weiterhin eine heikle Sache, wenn man Tierschutz aktiv betreibt. Genau das aber haben diese drei Menschenaffen-Pionierinnen gemacht: Sie sind ausgebrochen aus dem rein wissenschaftlichen Gefüge und haben sich eingelassen auf die Affen, die sie individuell und in ihrer Freiheit kennengelernt hatten. Sie haben nie ein Hehl daraus gemacht, dass ihr Wissen über die Lebensweise ihrer Forschungsobjekte sie mit Stolz und Ehrfurcht gegenüber diesen Wesen erfüllte. Schimpanse David Greybeard oder auch Gorilla Digit sind Persönlichkeiten geworden, die Millionen von Menschen inzwischen ein Inbegriff sind, weil sich ihre Wege mit denen von Jane bzw. Dian gekreuzt haben.

Dian Fossey hat versucht, die Berggorillas vor Fallenstellern und Jägern zu schützen – und wurde selber ermordet. Sie hat uns auf die Habitatvernichtung und die Gefahr des Aussterbens aufmerksam gemacht. Dass wir dabei sind zu verlieren, was wir eben erst entdeckt haben und gerade erst im Begriff sind kennenzulernen: frei lebende Menschenaffen, unsere nächsten Verwandten. Jane Goodall hat uns die Schimpansen nahegebracht, und Zeugnis gegeben von ihrer geradezu unheimlichen Ähnlichkeit mit Menschen. Birutė Galdikas nahm gefangene Orang-Utans auf, zog sie groß und ließ sie im Wald wieder frei.

Meine Eltern nahmen an diesen Entwicklungen Anteil und so bilden sie den gesellschaftspolitischen Rahmen meiner eignen Entwicklung. Für meinen Werdegang war es von prägender Bedeutung, dass ich von Kindheit an in Zoos gewesen bin. Als kleines Kind war für uns der Frankfurter Zoo ein häufiges Ausflugsziel und es geht in meiner Familie die Anekdote um, der berühmte Bernhard Grzimek habe meinem Vater zu meiner Geburt gratuliert. Mein Vater hat mir, bei ausgiebigen Besuchen in Zoos, mit tiefer innerer Beteiligung sehr viel über Wildtiere und Evolution beigebracht. Auch mein Großvater, der ein großer Naturliebhaber und Wanderer war, ging gerne mit in den Zoo. Als ich in die Schule kam, sahen wir im Fernsehen „Serengeti darf nicht sterben" und in Heimatkunde wurde uns beigebracht, bei Ausflügen keinen Müll zu hinterlassen. Michael, Grzimeks Sohn, war in Ostafrika bei einer Naturschutzdokumentation mit dem Flugzeug abgestürzt – ein romantischer, tragischer Tod, der mich beschäftigt hat und mir irgendwie sinnvoll, akzeptabel vorkam. „Ein Platz für Tiere" wurde regelmäßig ausgestrahlt und wir sahen das oft mit der ganzen Familie. Fernzusehen war in den 1960er Jahren noch etwas Besonderes. In dieser Sendung versuchte Grzimek die Deutschen – in Schwarzweiß – über Wildtiere aufzuklären und er brachte jedes Mal ein echtes Tier mit ins Studio. Oft waren das Jungtiere, die er auf sich und seinem Schreibtisch, von wo aus er dozierte, herumklettern ließ. So waren seine Belehrungen stets unterbrochen von den Ausreißversuchen seiner gelangweilten und oft verwirrten kleinen Mitbringsel. Mit viel Geduld und Behutsamkeit fing er sie wieder ein und übergab sie zuweilen, wenn das Tierkind wirklich verzweifelt war, einer Assistentin, die es hinaustrug. Grzimeks Sendungen faszinierten und sensibilisierten mich, sodass ich beispielsweise „Daktari" auch kritisch sehen konnte. Mir ist auch in Erinnerung, dass ich die Tierkinder im Studio liebte und mich total mit ihrer Verwirrung und ihrem

Wegwollen identifizierte. Ohne dabei an Bernhard Grzimek zu zweifeln.

Damals, in den 60ern, dachte ich: Die Natur ist von Menschen bedroht und wir müssen sie und die Tiere schützen. In den Zoos sind die Tiere sicher, aber eingesperrt. Alle Tiere sind meine Freunde und im Zoo kann ich sie besuchen. Das mit dem Eingesperrtsein war ein Problem. Die Naturfilme standen in krassem Gegensatz zu den hygienischen badezimmerartigen Tierkäfigen dieser Zeit. Ich empfand körperliches Unbehagen beim Beobachten von Wildtieren in gekachelten Räumen, ohne Sichtschutz und mit Chromstangen und -simsen als Möbeln. In besonderer Erinnerung ist mir ein Besuch in der Wilhelma, wohin mein Vater seine Studenten führte, um anschaulich Anthropologie, also Abstammungslehre und Anatomie zu unterrichten. Wir standen alle vor einem Schimpansen-Außenkäfig. Ein Schimpansen-Mann konnte sich über die Menschengruppe vor seinem Käfig nicht beruhigen, er *hootete*, rannte mit gesträubtem Haar auf und ab, riss und trommelte an einem Schieber aus Metall. Man musste wirklich fürchten, er würde den gesamten Schieber wutentbrannt aus der Wand reißen. Er raste auf den Schieber zu und sprang so an der Wand hoch, dass er im Sprung mit den Füßen auf das Metall trommelte. Von seinem Toben ließ er erst ab, als sich die gesamte Gruppe entfernte. Mir war sein Auftritt unheimlich und ich versuchte zu verstehen, womit wir ihn so erzürnt hatten. Nach einer Unterhaltung mit meinem Vater kam ich zu dem Ergebnis, dass wir erstens für ihn Fremde waren, nicht Freunde, wie ich es sah, und zweitens viel zu nah. Der Schimpanse hätte von sich aus unsere Nähe nicht gesucht, er hätte viel lieber in einem Wald als in einem kleinen Badezimmer gelebt.

Als ich 20 Jahre später anfing, Affen zu beobachten, suchte ich mir weitläufige Freigehege aus, in die man eintreten und die man mit den Affen teilen konnte, ohne ihnen zu nahe zu kommen oder sie stören zu müssen. Erst als ich Ende der 90er mit dem Beobachten von Schimpansen begann, musste ich Affen in Gefangenschaft beobachten und zunächst konnte ich sie durch die Gitter gar nicht sehen. Es war, als wäre das Gitter nicht durchsichtig. Es dauerte einige Wochen, bis ich herausfand, dass ich diese innerliche Sperre hatte und sie aufheben konnte. Aber ohne Zoos wäre ich vermutlich nicht Primatologin geworden.

Von Beginn an hatten Natur- und Artenschutz ein gediegenes Image, hier wurde von Experten dokumentiert, wie Bestandszahlen zurückgingen, zunächst durch Überjagung, dann immer mehr durch Habitatumwandlung. Natürliche Landschaften wichen menschengemachten. Wissenschaftler waren es auch, die Anleitungen erarbeiteten, was dagegen zu tun sei. Die Feldforscher, die außerhalb von wissenschaftlichen Laboratorien, vor Ort, im Freiland Zeugen dieses Verdrängungsprozesses wurden, waren oft zugleich auch die Informanten für IUCN und saßen in ihren diversen spezialisierten Gremien. Es wurde kein Widerspruch wahrgenommen zwischen Naturschutz und wissenschaftlicher Arbeit. Im Gegenteil, dieses Engagement wurde als ehrenwert betrachtet. Auf einem ganz anderen Blatt stehen jedoch tierschützerische Projekte, die oft aus der Konfrontation mit einem Einzelschicksal entstanden.

„R" wie Retten

Viele Auffangstationen für gestrandete Wildtiere wurden von charismatischen und zupackenden Personen gegründet. Menschen, die nicht tatenlos zusehen konnten, und die in Not geratene Wildtiere zu retten bereit waren. Oft waren sie mit dem ehemaligen kolonialen Verwaltungsapparat assoziiert, manche waren Naturfreunde oder Wissenschaftler, westliche Menschen, die in den ehemaligen Kolonien ihre Heimat gefunden hatten. Was sie auszeichnete, war ihr Verantwortungsbewusstsein, eine Philosophie des Handelns, nicht des Jammerns! Ihr Mitgefühl war selten in zoologischer Sachkenntnis gegründet, sie nutzten einfach ihre persönlichen Ressourcen, das, was sie hatten, da, wo sie waren. Die

Erste, die Menschenaffen rettete und aufzog, war Barbara Harrison, ebenfalls eine geborene Schlesierin, die in Sabah in Nord-Borneo arbeitete. Eigentlich war sie an Anthropologie und Archäologie interessiert und wir verdanken ihr die Ausgrabung der ältesten Homo-sapiens-Überbleibsel in ganz Südostasien. Die Idee, den geretteten und handaufgezogenen Tieren später wieder ihre Freiheit zurückzugeben, so wie in Elsas Fall, war von Beginn an ihr Ziel. So weit kam es aber nicht, denn sie war realistisch genug zu sehen, dass all ihre Waisenkinder zu sehr von Menschen abhängig wurden. In andern Fällen wilderten sich die Tiere gewissermaßen selber aus, denn der Übergang zwischen Auffangstation und Freiheit war zunächst unscharf, entwickelte sich erst mit der zunehmenden Zersiedelung, dem massiven Bevölkerungswachstum und der Verfügbarkeit von Metall zum Bau von Zäunen und Barrieren zu einer soliden Grenze. Diese Gründer und ihre Projekte fanden im Allgemeinen nicht den Respekt der Artenschützer. Sie waren unwissenschaftlich, emotional, und immer wieder gerieten sie in den Ruf, wilde Populationen zu gefährden. Sogar Jane Goodall wurde für ihre Schirmherrschaft einer Auffangstation in Kenia zuweilen als sentimental und unkritisch angefeindet.

Auf dem Weg, ein Unrecht zu richten, sind wir also Menschen begegnet, die ganz einfach Wildtiere aus unmittelbarer Not gerettet haben. Durch die zunehmende Zahl hilfsbedürftiger Wildtiere sahen sich die so entstandenen Auffangstationen mit rechtlichen, aber vor allem auch gesellschaftspolitischen Fragen konfrontiert. Heutzutage gibt es in Menschenaffen-Ursprungsländern vergleichsweise gute Gesetze, die die Affen vor menschlicher Gewalt und Freiheitsberaubung schützen. Allein in der Anwendung der Gesetze liegt die Schwäche. Auffangstationen spielen dabei eine wichtige Rolle, denn vielfach wird von den lokalen Behörden angegeben, dass man illegal gefangen gehaltene Tiere deshalb nicht konfisziere, weil man nicht wisse, wo man sie danach hingeben könne.

„R" wie Rückkehr

Wenn wir gewilderte Menschenaffen wieder in ihre angestammte Heimat zurückbringen und sie dort ein artgerechtes Leben in Freiheit führen können, haben wir das Unrecht wieder ungeschehen gemacht, dann haben wir der Gerechtigkeit Genüge getan. Welch ein schöner Gedanke!

So einfach ist das aber nicht. Lucy Temerlin wuchs als Kind eines amerikanischen Wissenschaftlers auf. Sie war jedoch ein Schimpanse. Als sie elf Jahre alt und, wie bei Schimpansen üblich, bereits geschlechtsreif war, war die Familie mit ihrer unbändigen Schimpansenhaftigkeit so überfordert, dass sie sie in ein Rehabilitierungszentrum in Gambia in Afrika „zurück"schickten. Nachdem Lucy in einem Tiershow-Betrieb geboren und ihrer leiblichen Mutter weggenommen worden war, nachdem sie elf Jahre lang in einer amerikanischen Familie aufgezogen worden war, Gebärdensprache gelernt hatte und mit Messer und Gabel zu essen gewohnt war, sollte sie nun zurück zur Natur: lernen, wie ein wilder Schimpanse zu leben, sich aus dem Busch zu ernähren und mit anderen Schimpansen als Sozialpartnern glücklich zu sein. Das misslang. Lucy lebte zehn unglückliche Jahre in Gambia. Jahre, in denen sie sich trotz intensiver Bemühungen ihrer Betreuerin niemals eingewöhnte. Lucy fand 1987 einen vorzeitigen, bis heute ungeklärten Tod. Ein Schimpanse verloren zwischen zwei Welten – in der Falle.

Erst in den 1990er Jahren bemühten sich die Auffangstationen für Menschenaffen in Afrika untereinander zusammenzuarbeiten und internationale Standards für Menschenaffenhaltung umzusetzen. Wo zu Beginn einzelne Tiere Auslöser des Projektes gewesen waren, sah man sich ab 1980 mit einem immer dramatischer werdenden Zustrom konfrontiert. Internationale Tierfänger spielten damals schon eine geringere Rolle, doch wirtschaftliche Erschließung, Bürgerkriege und der immer kommerziellere Bushmeat-Handel trieben Menschenaffen zunehmend an den Rand des Aussterbens. Die Auffangstationen barsten aus allen Nähten, gerieten in finanzielle Schwierigkeiten und mussten sich professionalisieren. Wenngleich Auswilderungen als Mittel zur Regulierung der Bestandszahlen in einer Auffangstation abgelehnt werden, so ist dennoch das Auswildern von ehemaligen wilden Menschenaffen in den letzten Jahrzehnten zunehmend ein Ziel der Rettungsprogramme geworden. Die Tierschützer suchen den Schulterschluss mit den Artenschützern.

Artenschützer sind Biologen. Sie denken in Biotopen, Habitaten, Populationen, Nischen und Tragekapazitäten. Sie sind in der Evolutionstheorie verwurzelt und wollen Genpools unverfälscht erhalten, Spezies vor Inzucht bewahren und davor, durch Kreuzung mit genetisch allzu fremden Partnern die Fortpflanzungsfähigkeit zu mindern (outbreeding depression). Es gibt präzise Definitionen, die die Umsiedelung von geretteten Wildtieren betreffen, und rigorose Richtlinien, wie die Wiederansiedelung von Menschenaffen in freier Wildbahn durchzuführen ist. Nur Auswilderungen, die den Zweck des Artenschutzes erfüllen, sind akzeptabel. Nicht solche, deren Ziel es ist, das Wohlbefinden von gefangenen Individuen zu verbessern. Tiere dürfen nur innerhalb ihres historischen Verbreitungsgebietes wieder ausgewildert werden. Dabei müssen strenge Gesundheitskontrollen zur Verhütung von Krankheitsübertragungen beachtet werden. Bereits ansässige Artgenossen müssen vor der Konkurrenz mit den Neuankömmlingen geschützt werden. In Bezug auf die umgesiedelten Tiere herrschte oft eine „sink or swim"-Haltung vor: Entweder sie schaffen es … oder nicht. Wer es nicht schafft, in Freiheit zu überleben, der ist unfit und um den ist es dann auch nicht schade. Genetisch gesehen.

In diesem Geiste ist es auch das Ziel der Erhaltungszuchtprogramme moderner Zoos, die Natur einer Art unverfälscht durch menschliche Zuchtwahl zu erhalten. Bezogen auf Menschenaffen bemerkt man rasch, dass sich hier ein Modell durchgesetzt hat, das auf Arten mit hohen Fortpflanzungsraten, kurzer Lebensspanne und geringer Abhängigkeit von individuellem Lernen passt, nicht jedoch auf Arten wie Menschenaffen, bei deren Evolution jedes einzelne Individuum zählt und in seinem Erfolg fundamental vom Lernen abhängig ist.

Tierschützer denken an Wohlbefinden, artgerechtes Leben. Im besten Fall sind sie Tierpsychologen, die die Anpassungsfähigkeit eines Tieres auf dem Hintergrund seiner evolutionären Entstehung und seiner individual-persönlichen Erfahrung sehen. Die Denkweisen von Tier- und Artenschützern liegen meilenweit auseinander und nähern sich erst in den letzten Jahren an. Verschiedene Tierarten haben unterschiedliche Naturen, die durch ihre jeweilige Stammesgeschichte geprägt wurden. Dadurch sind ihrer Lernfähigkeit und ihrer Toleranz gegenüber art-ungerechten Erfahrungen durch die Evolution ihrer Art Grenzen gesetzt. Bestimmte Dinge lernen sie besonders leicht, andere ertragen sie nie. Vereinsamte Rhesusaffen genießen den Körperkontakt mit einem flauschigen Frotteehandtuch, aber niemals den mit einer Drahtrolle, und Menschen lernen schneller, sich vor Spinnen zu fürchten als vor Angorakaninchen. Es ist dies der evolutionär vorgegebene Rahmen, in dem sich „Rehabilitierung" von Wildtieren abspielt.

„R" wie Rehabilitieren

Das Leben von Lucy zeigt, dass Menschenaffen eine Störung ihrer Spezies-Identität erleiden, wenn sie in intimem Kontakt mit Menschen aufwachsen. Solche Menschenaffen sind nicht imstande, in freier Natur zurechtzukommen. Angesichts ihrer komplexen Kindheitsentwicklung ist das vielleicht nicht allzu verwunderlich, aber auch Elsas Fall zeigt, dass Lernerfahrungen und enger Umgang mit Menschen einen prägenden Einfluss ausüben. Elsa gelang es zunächst nicht, in einer Löwengruppe Fuß zu fassen. Aber auch ihre Jungen waren so an Menschen gewöhnt, dass sie gefährlich wurden und umgesiedelt werden mussten.

Es ist durchaus zutreffend, wenn Elsas Geschichte als eine Studie in Tierpsychologie gelobt wird. Wichtig ist, dass unterschiedliche Tiere ein unterschiedliches Naturell haben. Ich meine nicht die Unterschiede der Individualpsychologie, sondern Artunterschiede, die ebenso wie Unterschiede in der Körpergestalt, der Ernährungsweise oder im Fortpflanzungssystem durch die Evolution entstanden sind und Teil dessen sind, was eine Art charakterisiert. Die Evolution bringt Unterschiede hervor in der Psycho-Logik von Tierarten.

In den 1950er/60er Jahren kam eine wissenschaftliche Strömung in Mode, die als Behaviorismus bezeichnet wird. Behavioristen gingen davon aus, dass es Lerngesetze gibt, denen ausnahmslos alle Lebewesen unterworfen sind und dass durch die sogenannte Konditionierung jedwede Verhaltensweise erlernt werden kann. Sie lehnten dezidiert ab, dass bewusstes Denken und Einsicht notwendige Voraussetzungen für Lernen seien. Die Behavioristen waren die ersten Psychologen, die radikal Menschen und Tiere gleichsetzten; in John B. Watsons Worten: „The behaviorist, in his efforts to get at a unitary scheme of animal response, recognizes no dividing line between man and brute." Das klassische Konditionieren wurde Anfang des 20. Jahrhunderts von Iwan Petrowitsch Pawlow beim Experimentieren mit Hunden erfunden. Pawlow beobachtete, dass durch gleichzeitiges Auftreten mit einem biologisch bedeutsamen Ereignis ein an sich bedeutungsloser Reiz Signalwirkung entfalten kann. Zum Beispiel können Orang-Utans lernen, das Motorengeräusch eines Autos mit Essen zu assoziieren, wenn sie immer wieder erleben, dass sie nach dem Erscheinen des Autos gefüttert werden.

Ein amerikanischer Zeitgenosse von Pawlow, Edward Lee Thorndike, schloss aus dem Verhalten von Katzen, die sich aus seinen Fallen befreiten, auf das instrumentelle Konditionieren. Er beobachtete, wie die gefangenen Katzen zunächst planlos unruhig waren und durch Versuch und Irrtum per Zufall auf den Mechanismus stießen, der ihnen die Tür öffnete. Eine wiederholt eingesperrte Katze lernte, sich immer schneller selbst zu befreien. Thorndike nannte dies das Gesetz des Effekts: Das zunächst nur zufällig richtige Verhalten führte zu einem Resultat, das der Katze sehr angenehm war. Nach mehreren Wiederholungen lernte sie, das Verhalten zielgerichtet – als Instrument – einzusetzen, um den gewünschten Effekt zu erzielen.

Es ist eindrucksvoll, wie viel menschlichen Verhaltens sich durch Konditionierung erklären lässt und wie leicht man auch Menschen mittels Konditionierung zum Guten oder zum Schlechten in ihrem Verhalten beeinflussen kann. Die Behauptung, dass tierliches (einschließlich menschliches) Verhalten uneingeschränkt plastisch und den Lerngesetzen unterworfen sei, hat sich jedoch als falsch erwiesen. Die Evolution hat hier Grenzen gesetzt und sie an anderer Stelle, oder bei anderen Arten, besonders begünstigt. Affen zum Beispiel lernen rasch, lange, sich schlängelnde Gestalten mit Gefahr zu assoziieren. Man kann sich gut vorstellen, dass in ihrer Stammesgeschichte diejenigen Vorfahren mehr Kinder hinterlassen haben, die schnell lernten, Schlangen zu meiden. Wenn man innerhalb dieser von der Evolution vorgegebenen Grenzen und Lernbereitschaften agiert, ist Verhalten auch ohne Zuhilfenahme der Vernunft gut durch Erfahrungen zu beeinflussen. Die bevorzugten Tiere, an denen diese Experimente durchgeführt wurden, waren Ratten und Tauben. Man arbeitete fast ausschließlich in Labors, mit speziell gezüchteten Linien, und sah die Versuchstiere vor allem als auf Reize reagierende Wesen.

Parallel zum Behaviorismus entwickelte sich die in der Biologie, und damit in der Evolutionsforschung, gründende Verhaltensforschung. Hauptstudientiere der klassischen Verhaltensforschung waren Fische und Vögel. Viele Untersuchungen wurden zunächst im Freiland mit freien Wildtieren durchgeführt. Im Unterschied zu den Behavioristen betonten die Verhaltensforscher die Spontaneität tierischen Verhaltens. Für sie waren Tiere Akteure, nicht vorwiegend Reagierende. Die Gründungsväter der Verhaltensforschung interessierten sich zunächst weniger für Lernen als für evolutionär entstandene und somit genetisch vorgegebene Verhaltensanpassungen. Sie gingen von angeborenen

Instinkten aus. Darunter verstanden sie Motivationen oder Triebe, die zu bestimmten zweckmäßigen, angeborenen Verhaltensmustern führten und somit die Befriedigung lebensnotwendiger Bedürfnisse gewährleisteten. Im Prinzip, meinten die Verhaltensforscher, wäre alles spontane tierische Verhalten in dieser Weise organisiert und sogar die Grundtriebe seien auch bei verschiedenen Tierarten dieselben. Im Gegensatz zu den Behavioristen aber ging man von sehr artspezifischen Instinkthandlungen und angeborenen Auslösemechanismen aus. Das bedeutet, dass der Schlüsselreiz, ihre Jungen zu füttern, für eine Katze gänzlich anders gestaltet ist als für eine Amsel.

Bei seiner Arbeit mit Gänsen untersuchte Oskar Heinroth ein Phänomen, das er „Prägung" nannte. Prägung ist ein gutes Beispiel dafür, wie angeborene Anlagen und erlerntes Verhalten ineinandergreifen. Frisch geschlüpfte Gösselchen (Küken) sind Nestflüchter und können nur überleben, wenn sie sich in der Nähe ihrer Mutter aufhalten. Das Nachfolgeverhalten ist ihnen angeboren, nur die Motorik muss vorher schnell heranreifen. Woher aber weiß so ein eben geschlüpftes Küken, wer seine Mama ist? Das muss es erst lernen, aber die Evolution hat es gewissermaßen mit hilfreichen Vorurteilen ausgestattet und so hält das Küken nach Mama-Kandidaten Ausschau, die sich bewegen und Laute von sich geben. Und dann geschieht es blitzartig: Binnen weniger Stunden bindet sich das Gössel an das erstbeste derartige Objekt. Das kann eine Spielzeugeisenbahn sein, oder Konrad Lorenz – was immer während der sensiblen Phase gerade zur Hand ist. Im Normalfall wird es schon richtig sein, denn die Mama-Gans bewacht ja ihr Nest und hält alle fremden Lebewesen fern. Ist so ein Gösselchen erst einmal geprägt, hängt es unzertrennlich an seiner „Mama" und folgt ihr bedingungslos überallhin. Die Prägung vollzieht sich unausweichlich innerhalb eines bestimmten Zeitfensters und ist unumkehrbar. Wenn man das Küken nach der Fehlprägung nur mit Artgenossen zusammen lässt, so wird es doch bei erster Gelegenheit versuchen, dem ursprünglichen Prägungsobjekt zu folgen. Konrad Lorenz fand heraus, dass Ganter, die sich nach dem Schlüpfen auf ihn geprägt hatten, wenn sie geschlechtsreif wurden, keineswegs an Gänsen sexuell interessiert waren, sondern an Menschen. Die Mutter-Fehlprägung hatte nicht nur das Objekt für das Nachfolgefolgeverhalten der Gössel festgelegt, sondern auch eine Vorliebe für Menschen als Paarungspartner. Eine Vorliebe, die allerdings erst bei der bereits erwachsenen Gans zum Ausdruck kam. Auch diese sexuelle Prägung erwies sich als unwiderruflich, selbst gegenüber artgerechten Einladungen und angesichts beharrlicher Ablehnung durch den fehlidentifizierten Wunschpartner. Erfolg oder Misserfolg spielen nach vollzogener Prägung also keine Rolle mehr.

Behaviorismus und Verhaltensforschung haben unser Verständnis von Tierverhalten bis heute enorm beeinflusst. Sie waren zu ihrer Zeit innovativ, indem der Behaviorismus Menschen und Tiere gleichstellte und indem die Verhaltensforschung Tiere als eigenständige Akteure ansah, deren Verhalten sinnvoll erklärt werden kann. Beiden Forschungstraditionen war jedoch etwas gemeinsam: Sie beabsichtigten nicht, höhere Denkprozesse zu untersuchen. Die Wahl der Tierarten, die untersucht wurden, erleichterte diese selbstauferlegte Beschränkung – Fische, Vögel, Ratten, auch sie Arten mit rascher Generationenfolge, bei denen individuelles Lernen im Vergleich zu vorprogrammierten Instinkten eine geringere Rolle spielt.

Es war dies der kulturelle Hintergrund, vor dem Tierretter wie die Adamsons, aber auch Barbara Harrison und andere, die Menschenaffen aufnahmen, agierten. Bis heute ist unser Umgang mit Tieren von Erkenntnissen geprägt, die aus der Zucht und Erforschung von eher simplen kurzlebigen Tieren hervorgegangen sind. Für komplexe langlebige Tiere wie Papageien, Elefanten, Wale und Menschenaffen sind diese Modelle nur unter Vorbehalt zutreffend.

Selbst bei Raubkatzen zeigte sich, dass ein wesentlicher Faktor, der über Erfolg oder Misserfolg eines „Rettungs-Rehabilitierungs-Rückführungs"-Programms entschied, das Verhältnis zwischen menschlichem Retter und tierlichem Geretteten war. Ebenso wie der Einfluss, der durch die menschliche Obhut auf die Umwelt des geretteten Tieres ausgeübt wurde. Am Beispiel von Elsa und ihren Jungen sehen wir, dass auch bei Katzen das Jagen und die richtigen Umgangsformen mit Artgenossen eine erlernte Komponente haben. Unwillkürlich haben menschenaufgezogene Löwen ebenfalls gelernt, dass man von Menschen relativ mühelos Nahrung erwarten kann, und sie halten sich naiverweise für kompetent, mit Menschen umzugehen, denn sie schließen von den Mitgliedern ihrer interspeziellen Familie auf das Verhalten aller Menschen. Jeder, der mit Wildtieren in Menschenobhut arbeitet, weiß, dass zahme Wildtiere die gefährlichsten sind.

Bei dem Versuch zu verstehen, wie sich enge Vertrautheit und menschlicher Einfluss auf das Verhalten von Wildtieren auswirkten, die extrem von sozial vermitteltem Lernen und einsichtigem Problemlösen abhängen, stehen wir noch immer ganz am Anfang. Wir müssen uns vorantasten bei Fragen, welche Aufzuchtbedingungen, welche Lernerfahrungen, welche Erziehungsmethoden welche Auswirkungen haben. Jeder Fehler, den wir dabei begehen, stellt ein Überlebensrisiko für ein uns anvertrautes Wesen dar.

Präventiver oder restaurativer Artenschutz?

Der herkömmliche Natur- und Artenschutz verfügt über zwei Hauptinstrumente. Das eine besteht in der Gesetzgebung und der rechtsstaatlichen Überwachung ihrer Einhaltung durch Exekutive und Gerichte. Das andere ist die Ausweisung möglichst unberührter Schutzgebiete, in denen bedrohte Arten unverändert und weitgehend ungestört weiterbestehen können. Der klassische Naturschutz arbeitet also präventiv. Es zeigt sich jedoch zunehmend, dass dies nicht ausreicht, den Planten Erde vor der Spezies Mensch zu schützen: Immer mehr natürliche Landschaft wird in von Menschen geformte profitable Flächen umgewandelt und die ehemals dort beheimateten Tier- und Pflanzenarten drohen auszusterben. Es ist an der Zeit anzuerkennen, dass wir gute restaurative, wiederherstellende Maßnahmen und Instrumente brauchen, um das bereits begangene Unrecht an Natur und Lebewesen wiedergutzumachen. Die Rettung, Rehabilitierung und Rückführung in geeignete Gebiete ist hier das Instrumentarium der Wahl.

Während sich aber der präventive Natur- und Artenschutz relativ früh und kaum kontrovers etabliert hat, ist der restaurative Ansatz bis heute äußerst umstritten. Ich möchte hier keinen Zweifel daran lassen, dass ich als Mittel zum Natur- und Artenschutz ebenfalls den präventiven Ansatz bevorzugen würde – er ist erheblich unkomplizierter und weniger kostenintensiv. In allzu vielen Regionen der Welt haben wir aber diese Möglichkeit bereits verspielt. Selbst mit dem restaurativen Ansatz müssen wir uns sehr ranhalten – noch können wir Waldrestaurierung in bereits abgeholzten Gebieten vornehmen. Sobald aber die Böden durch falsche Bewirtschaftung ausgelaugt, vergiftet oder erodiert sind, wird es erheblich schwieriger, hier wieder Tropenwald anzusiedeln. Von Kohletagebau wollen wir lieber gar nicht reden. Noch gibt es die Chance, in einigen wenigen existierenden nur wenig geschädigten Wäldern, die bereits leergejagt wurden, wieder Orang-Utans anzusiedeln. Noch gibt es die Überlebenden dieses gigantischen Genozids, sie könnten in großer Zahl wieder in Freiheit leben.

Kann es für eine Spezies, die im Weltraum nach unbekanntem Leben sucht, wirklich derart schwierig sein, auch nur den Entschluss zu fassen, ihre eigene Verwandtschaft am Leben zu lassen? Offensichtlich: ja!

Ein Häufchen Elend: Sri kauert und umarmt sich selbst, anstatt die Waldschule zu durchstreifen.

4

SORGENKIND SRI

2006 bis 2009: Kleinkind

Als winziger Säugling von weniger als einem Jahr wurde die verwaiste Sri 2006 aufgenommen. Ab 2007 war sie bereits in der Waldschule, unzertrennlich mit Totti, einem praktisch gleichaltrigen kleinen Jungen.

2010 bis 2013: Kindheit

Totti wurde mehrere Monate aus der Waldschule entfernt. Nachdem er zurückgekehrt war, sah man sie nur noch selten zusammen. Sri wurde zum Einzelgänger und vermied Gruppen von spielenden Kindern. Sie tendierte übermäßig dazu, sich an die Babysitter anzuschließen. Auch mit mir hat sie immer versucht zu kuscheln und sich im Wald tragen zu lassen, selbst als sie schon längst alt genug war, selber zu laufen. Morgens im Schlafkäfig wollte Sri immer meine Hand halten. Wenn ich nicht aufpasste, grabschte sie, was immer sie erreichen konnte, und hielt es eisern fest. Dabei sah sie mir verschmitzt und zugleich bittend ins Gesicht. Bald hielt sie sich nicht nur mehr fest, sondern versuchte sich die Dinge auch anzueignen.

2014 bis 2016: Jugend

Als Sri in die Pubertät kam, zeigte sich, dass sie mit anderen Orang-Utans nicht gut zurechtkam. Bei Raufereien wurden ihr Haare ausgerissen und sie wurde gebissen. Als wir sie in die Waldhochschule aufnahmen, geriet sie bald in eine noch tiefere Krise. Monatelang schlief sie in Lianenknoten und baute kein Schlafnest. Sie nahm stark ab, regurgitierte fast unablässig – das ist eine Art Bulimie – und hockte herum wie ein Häufchen Elend, sich selbst umarmend. Wiwik und ich wiesen die Tierpfleger an, besonders warmherzig mit Sri umzugehen und freundliche Kontakte zuzulassen. Dabei sollten sie sich nach kurzer Zeit gelangweilt und passiv verhalten. Allmählich stabilisierte sich Sris Zustand und acht Monate, nachdem sie in die Waldhochschule aufgenommen worden war, konnte sie Schlafnester bauen und ließ gelegentlich auch einen Freund in ihrem Nest schlafen. Wenn ich in ihre Nähe kam, versuchte sie mich immer festzuhalten, sodass ich nicht weggehen konnte. Zugleich war sie erregt und aggressiv. Bei der ersten Begebenheit trennte uns ein übereifriger Tierpfleger gewaltsam, das ärgerte Sri dermaßen, dass sie sich auf mich warf und mir ins Bein biss. Das tat ziemlich weh, eine richtige Quetschung.

Einige Monate später fand ich sie zusammen mit ihrem Lieblingspfleger – Agus – nach einem Gewitter wieder. Sri war entspannt und wollte Händchen halten. Als es dämmerte, nahm sie Agus und mich bei der Hand und führte uns zu einer Liane, die sie hinaufkletterte, dann blickte sie uns auffordernd an, schüttelte bedeutungsvoll unsere Hände, die sie, bereits in der Höhe unserer Köpfe, noch immer festhielt. Als wir nicht mit ihr kletterten, kam sie wieder herab, stieg aber etwas später, ohne einen Blick zurück, in die Bäume, wo sie über unseren Köpfen ein Schlafnest baute. Sie war nicht ärgerlich geworden.

Allmählich erwarb sie sich den Ruf ,wirklich schwierig zu sein. Neue Tierpfleger griff sie an. Sie verhielt sich oft widersprüchlich und wurde „gila", verrückt, genannt. Mit Agus zusammen wollte ich mir ein eigenes Bild machen. Gleich als sie mich sah, ergriff sie meine Hand, zog mich herab auf den Waldboden. Ich ging freundlich auf sie ein, doch nach kurzer Zeit wurde sie unruhig. Sie zog mich, aggressiv klammernd, mit sich, ohne Rücksicht auf Zweige und Ranken, die mir den Weg versperrten. Vergeblich versuchten wir sie zu beruhigen, durch Fellpflege, Waldnahrung. Doch immer wieder packte sie die Erregung und sie umklammerte mich fest und zog mich weiter. Das war allmählich etwas beängstigend und eindeutig ein seltsames Verhalten. Dann begann sie, während sie mich im Klammergriff festhielt, mir in die Hände zu beißen. Sie ließ zu, dass ich mich entwand, aber nun war sie auf Beißen aus. Als ich beschloss, mich zu entfernen, biss sie mich fester, verfolgte mich aber nicht. Am Nachmittag sah ich Sri noch einmal und sie warf mir einen sehr gehässigen Blick zu.

Das letzte Mal, als ich Sri sah, versuchten wir nicht mehr, zueinander zu kommen. Sie fand sich bei einer Fütterung ein – in der Waldschule war praktisch nichts zu essen zu finden –, bewegte sich versiert wie ein Dieb oder ein geprügelter Hund, der vor lauter Hunger und Trotz dennoch immer wieder kommt, an den Boden geduckt, den Kopf zwischen den hochgezogenen Schultern, heimlich und sprunghaft, stets darauf gefasst, verjagt zu werden.

Rückblickend denke ich, wir haben Sri eine Bindungsstörung anerzogen. Wir haben sie von Anfang an überfordert und ihr Bindungsbedürfnis, ihre Notwendigkeit, Geborgenheit zu erfahren, einfach ignoriert, ja sogar bestraft. Sie gab sich alle erdenkliche Mühe, sich lieb Kind zu machen, doch mit der Zeit griff sie zu provokanteren Mitteln – und wurde wieder bestraft. Heute weiß sie nicht einmal mehr, was sie von uns will – Zuneigung oder Streiten? Mit Artgenossen machte sie keine besseren Erfahrungen: Die gleichaltrigen Waisen boten keinen Muttterersatz, ängstigten sie und konkurrierten mit ihr. Der Übergang von der Waldschule mit weiblichen Tierpflegern zur Waldhochschule mit nur männlichen, teils strengen Hütern war für sie dramatisch. Wir haben nun einen fast erwachsenen Orang-Utan, der alle Verhaltensweisen zeigt, die ihn prädestinieren, mit Menschen in ernsthafte Konflikte zu geraten: stehlen, beißen und immer wiederkommen. Man könnte Sri noch helfen, durchaus. Aber dazu müsste man den Gedanken auf Auswilderung aufgeben und mit ihr nur noch durch einen Zaun verkehren. Sie braucht eine Therapie, bei der auf ihre Bedürfnisse sensibel eingegangen wird, wenige, aber emotional zuverlässige menschliche Betreuer, größtmögliche Situationskontrolle, die Gesellschaft von Artgenossen, mit denen sie sich verträgt.

VON WAISEN UND ANDEREN KINDERN

Die meisten Menschenaffenkinder, die in Auffangstationen aufgenommen werden, sind Waisen im Kindesalter. Ihre Mütter wurden getötet, während sie ihre Kinder bis auf den Tod verteidigt haben. Ältere Menschenaffen werden seltener gerettet, weil sie es meist nicht überleben, wenn sie erst einmal in Konflikt mit Menschen geraten. Der Prozess, mit dem man diesen Waisen über ihr Trauma hinweghilft und sie zu selbstständigen, psychisch intakten Menschenaffen erzieht, wird Rehabilitierung genannt.

Um Menschenaffenwaisen wirklich helfen zu können, muss man sie verstehen. Man muss sie verstehen und auf eine wahrhaft selbstlose Art und Weise lieben. Die berühmt-berüchtigte Affenliebe ist vollkommen zu Recht ein Inbegriff der duldsamen und unbedingten Mutterliebe. So eine Mutter zu verlieren ist nicht nur tragisch, sondern auch lebensbedrohlich.

Wenn wir unseren Orang-Utan-Waisen tatsächlich helfen wollen, müssen wir zunächst einmal wissen, wie die normale Kindheitsentwicklung bei Orang-Utans verläuft. Und verstehen, wie menschliche Ersatzmütter den Orang-Utan-Waisen helfen können, ohne dass sie ihre wahre Natur verlieren. Grundlage hierfür ist ein tieferes Verständnis der faszinierenden und zuweilen verstörenden Ähnlichkeiten zwischen Menschen und Menschenaffen.

Kindheit bei den großen Menschenaffen: groß, wenige, teuer

Es gibt einige wichtige Merkmale, die alle großen Menschenaffen miteinander teilen. Zuerst einmal sind sie – offensichtlich – sehr groß. Vom Scheitel bis zum Steißbein messen große Menschenaffen zwischen 70 Zentimeter und 1,85 Meter. Zum Vergleich: Meine Kopf-Rumpf-Länge beträgt 98 Zentimeter. Ihre Größe bedeutet, dass sie keine leichte Beute für Raubtiere darstellen, das bedeutet wiederum, dass sie nicht unbedingt in

Gruppen umherstreifen müssen, sondern auch einzeln nach Nahrung suchen können. Wegen ihrer Größe brauchen sie aber eine beachtliche Menge zu essen. Wenn sie also eng beieinanderbleiben, gibt es schnell Konkurrenz ums Essen. Menschenaffen haben eine Vorliebe für leckere Früchte. Saftige, süße, weichfleischige Früchte sind ihr Lieblingsessen. Falls es kein Obst gibt, essen sie auch mehlige, faserige oder bittere Pflanzen. Tierisches Eiweiß in Form von Larven, Termiten, aber auch kleine bis mittelgroße Säugetiere stehen auf ihrer Speisekarte. Das sind Nahrungsmittel, die eher verstreut als gleichmäßig verteilt vorkommen. Selten selber zur Beute zu werden und die ständige Nahrungskonkurrenz miteinander bedeutet, große Menschenaffen können Konkurrenz vermeiden, indem sie allein oder in kleinen Gruppen nach Nahrung suchen. Diese beiden Tatsachen führen dazu, dass Menschenaffen in vergleichsweise geringer räumlicher Dichte vorkommen. Wenn sie sich verteilen und eigene Wege gehen, sehen sie einander nicht jeden Tag. Dennoch unterhalten sie individuelle, persönliche Langzeitbeziehungen zu den Mitgliedern ihrer Sozialgemeinschaft. Menschenaffen haben große Gehirne, absolut gesehen und auch in Relation zu ihrer Körpergröße. Sie sind – das ist allgemein bekannt – intelligent.

Sie leben lange, nicht nur geschützt im Zoo, sondern auch in Freiheit können Menschenaffen über 50 Jahre alt werden. Sie entwickeln sich sehr langsam, Sumatra-Orang-Utans sind diejenigen Säugetiere mit der langsamsten Kindheitsentwicklung überhaupt. Schwangerschaften dauern bei Menschenaffen um die acht Monate, beim Menschen in der Regel neun. Alle Menschenaffen bekommen pro Geburt ein Kind – Zwillinge oder Mehrlinge sind extrem selten. Auch nach der Geburt entwickeln sich die Kinder überaus langsam und sind vollkommen von intensiver Fürsorge abhängig. Bei der Geburt wiegt ein nicht-menschlicher Menschenaffe zwischen ein und zwei Kilogramm. Als erwachsener Orang-Utan bringt „sie" bis zu 50 Kilo, „er" sogar um die 90 Kilo auf die Waage. Nicht-menschliche

Menschenaffen sind aufwendig zu „produzieren“. Nicht nur die Schwangerschaft dauert monatelang und mündet in nur einem Kind, auch die Stillzeit und kindliche Abhängigkeit währen lange, so dass eine Menschenäffin durchschnittlich nur zwischen vier und fünfeinhalb Kinder in ihrem Leben großzieht. Wie teuer Kinder sind, kann man auch daran ablesen, wie viel Zeit zwischen zwei Geburten verstreicht. Mit knapp vier Jahren ist das Zwischengeburten-Intervall bei Gorillas am kürzesten. Bei Sumatra-Orang-Utans beträgt es nahezu neun Jahre, und bei unseren Borneo-Orang-Utans im Schnitt knapp sieben Jahre.

Menschen haben mit durchschnittlich zwei Jahren von allen Menschenaffen das kürzeste Geburtenintervall. Das kommt daher, dass bei uns andere Gruppenmitglieder die Mutter entlasten. Vor allem nach der Stillzeit werden Menschenkinder vor allem von Großmüttern, Vätern und älteren Geschwistern betreut, beschützt und mit Nahrung versorgt. Bei den nichtmenschlichen Menschenaffen sind alle Mütter alleinerziehend. Ältere Töchter helfen zuweilen etwas mit, aber die vollständige Verantwortung für den Nachwuchs liegt allein bei der Mutter. Menschenaffenväter leisten allenfalls indirekte Unterstützung, indem sie Feinde vom Streifgebiet ihrer Weibchen fernhalten.

Dass unsere Kinder so kostenintensiv sind, kann man im Vergleich mit anderen Tieren gut erkennen. Denken Sie nur an Froschlaich: so viele Eier, und dann viele Kaulquappen. Bei Katzenkindern verhält es sich ähnlich: Pro Jahr kann eine Katzenmama zweimal Kinder bekommen und je Wurf sind vier Kinder normal. Bei diesen Tierarten ist es auch normal, dass viele Kinder sterben, bevor sie selber das Erwachsenenalter erreichen. Wenn die Lebensbedingungen schlecht sind, sterben viele, aber die Populationen können sich aufgrund der hohen Fortpflanzungsrate auch rasch wieder erholen. Das ist bei Menschenaffen gerade andersherum. Hier sterben Kinder selten, aber Populationen können sich eben auch nur sehr langsam von Katastrophen erholen. Menschenaffen begegnen Schwierigkeiten mit Köpfchen. Durch ihre lange Lebensdauer lernen sie viele unterschiedliche Bedingungen und Situationen kennen und sie passen sich diesen durch Lernen und intelligentes Problemlösen an. Umgekehrt bedeutet das auch, dass sie, wie Menschen, nicht durch Instinkte gesteuert sind. Mutterbindung und Lernfähigkeit haben weitreichende Konsequenzen.

Für die Rehabilitierung von einem Menschenaffenwaisenkind ist es entscheidend, dass es schon aufgrund seiner Jahrmillionen alten Stammesgeschichte „erwartet", dass da eine Mama ist, die über viele Jahre immer für einen da ist, deren Augenstern man ist, unter deren liebevoller Betreuung man die Welt erkundet und von der man alles Lebensnotwendige lernen kann. In diesem Punkt sind sich nicht-menschliche und menschliche Kinder vollkommen gleich. Wenn nun die Mutter fehlt, dann braucht so ein Kind eine andere *Bezugsperson*, eine Ersatzmutter, auf die es sich hundertprozentig verlassen kann. Wilde Menschenaffenwaisen überleben in der Regel nicht. Sie schaffen es nur, wenn sie schon etwas älter sind und sich die Großmutter, eine Tante oder ein älteres Geschwister ihrer annimmt.

Für unsere Orang-Utan-Waisen bedeutet das, dass wir ihnen menschliche Ersatzmütter anbieten. Durch die Jahrmillionen gemeinsamer Evolution sind die Verhaltenserwartungen von Menschenaffenbabys und Menschenmüttern ziemlich gut aufeinander abgestimmt. Das passt einfach … im Großen und Ganzen. Der Teufel sitzt wie so oft im Detail. Eben weil wir einander so ähnlich sind, kann das auch schiefgehen: nämlich dann, wenn wir die Menschenaffenkinder in eine menschliche Umgebung und menschliche Verhaltensweisen hineinerziehen.

Vermenschlichte Menschenaffen verlieren ihre eigene Natur. Sie wollen einfach so leben wie wir. Nicht nur fühlen sich vermenschlichte Menschenaffen im Wald unwohl, sie ziehen auch die Gesellschaft von Menschen der von Artgenossen vor. Diese Einstellung wird von menschlichen Fürsorgern im Allgemeinen nicht erwidert, sodass vermenschlichte Affen niemals die Art Sozialbeziehungen haben können, nach denen sie sich sehnen.

Kindheitsentwicklung bei Orang-Utans

Ein neugeborenes Menschenaffenkind ist gänzlich auf Fürsorge angewiesen. Im Gegensatz zu den heutigen Europäern legen ihre Mütter sie nicht in eine Wiege, sondern tragen sie ständig mit sich herum. Der Greifreflex unserer Menschenbabys ist ein Überbleibsel aus unserer Menschenaffenvergangenheit. Als uns die Körperhaare abhandenkamen, war der Klammerreflex vermutlich nicht mehr so wichtig, jedenfalls ist er bei neugeborenen Schimpansen und Orang-Utans stärker ausgeprägt als bei Menschen. Menschenaffenbabys sind Säuglinge und Traglinge. Als Babys werden sie in aller Regel von der Mutter am Bauch bzw. in Brusthöhe getragen, wo sie jederzeit die Brust finden und trinken können. Kurz nach der Geburt muss auch eine Affenmutter ihr Kind unterstützen und sich wirklich vorsichtig und langsam bewegen. Ab dem sechsten Lebensmonat schaffen es die Babys, sich auch bei hohem Tempo und schwierigen Klettermanövern allein festzuhalten. Erst als Kleinkinder beginnen sie auf dem Rücken zu reiten, sich an der Seite oder, wie bei den Gorillas, am Arm festzuklammern. Letzteres eignet sich aber als Fortbewegungsmethode besser am Boden als in den Bäumen. Die zunehmend schwerer werdenden Kleinkinder müssen sich also verstärkt selbst um ihren Transport kümmern. Dabei sind sie langsam und verringern so die Reisegeschwindigkeit einer Mutter, ganz gleich, ob sie sich tragen lassen oder zu Fuß gehen. Selbstständige Nahrungsaufnahme beginnt deutlich früher als das Allein-Laufen.

Ein Säugetier beginnt sein Leben, indem es sich ausschließlich von Muttermilch ernährt. Die Stillzeit bei Menschenaffen dauert jahrelang. Das unterscheidet sie von den meisten anderen Säugetieren, einschließlich der meisten anderen Affenarten. Bei typischen Säugetiermüttern ist das Stillen auf einige Monate begrenzt. Während dieser Zeit brauchen die Mütter viel zusätzliche Energie – bis zu 50 Prozent mehr, als würden sie nicht stillen. Die Kinder wechseln nach relativ kurzer Zeit von der Muttermilch zu einer Erwachsenendiät und dieser Zeitpunkt liegt häufig so, dass es genau dann viel zu essen gibt. Bei den saisonal gebärenden Berberaffen werden die Kinder im Frühling geboren, über den Sommer weitgehend entwöhnt und sind zur Erntezeit bereits imstande, sich allein zu ernähren. Sie sind aber nur ernährungsmäßig selbstständig und brauchen weiterhin Fürsorge, um groß zu werden. Außerdem trinken sie schon immer noch einmal, zumindest bis das nächste Geschwisterchen geboren ist.

Bei Orang-Utans ist das etwas anders. In den ersten sechs Monaten nach der Geburt wächst der Energiebedarf einer Orang-Utan-Mutter um bis zu 25 Prozent, danach aber steigt er nicht weiter und bleibt stattdessen über die fünf bis acht Jahre dauernde Stillzeit relativ konstant. Wie schaffen es Menschenaffenmütter, dass sie nicht mehr essen müssen, während ihr Kind vom Säugling zum Kleinkind heranwächst und dabei mehr als 15 Kilo zunimmt? Das funktioniert nur, weil die Babys bereits nach wenigen Monaten beginnen, normale Nahrung zu probieren und allmählich immer mehr feste Nahrung zu sich nehmen. Der Zeitpunkt, an dem Babys beginnen, Waldnahrung zu kosten, fällt mit dem Erscheinen der Milchzähnchen zusammen. Hier kann man zuerst die Schneidezähne sehen, die Backenzähne, die für das Kauen wichtig sind, kommen erst später. Auch Orang-Utan-Babys lutschen zunächst nur an Nahrung herum und schaffen es vor allem durch Aufweichen, kleine Mengen zu sich zu nehmen – wenn sich in der Zeit ihre Mutter das Essen nicht selbst nimmt!

Maria van Noordwijk und ihre Kollegen haben ausgerechnet, dass während drei Vierteln der Stillzeit die Babys zugleich auch feste Nahrung zu sich nehmen. Die völlige Abhängigkeit von Muttermilch macht also nur ein Viertel der gesamten

Laktationsperiode aus. Irgendwann zwischen dem 13. und dem 18. Monat beginnen Orang-Utan-Babys ernsthaft damit, Waldnahrung zu essen. Zugleich bleiben sie aber die meiste Zeit in Körperkontakt mit ihrer Mutter, schlafen bis zum siebenten/achten Lebensjahr weiterhin mit ihr im Nest und haben jederzeit Zugang zur Muttermilch. Man kann also sagen, dass sich die Babys im Wesentlichen ihr Wachstum selber verdienen. Wenn sie groß werden wollen, müssen sie bei der Nahrungsbeschaffung immer besser werden. Erst wenn sie imstande sind, zuverlässig mehr als die Hälfte ihres Energiebedarfs durch feste Nahrung zu decken, neigt sich die Stillzeit ihrem Ende zu.

Orang-Utan-Kinder brauchen also acht Jahre, bis sie sich selbstständig ernähren können. Das ist eine verhältnismäßig lange Zeit. Warum brauchen sie dafür so lange? Unselbstständige Orang-Utan-Kinder – solche, die noch gestillt werden – essen fast immer zusammen mit ihrer Mutter. Erst nach der Entwöhnung gehen sie eigene Wege und sind plötzlich nur noch halb so oft an derselben Nahrungsquelle anzutreffen. Sie probieren fast nie Essen, das ihre Mutter nicht auch isst. Und wenn doch, dann werfen sie zuerst einen Blick auf ihre Mutter, um zu testen, was sie dazu sagt. Das spricht dafür, dass sie etwas von ihrer Mutter lernen – zum Beispiel, welche Sachen auf dem Speiseplan stehen sollten. Tatsächlich stimmt zum Zeitpunkt der Entwöhnung der Speisezettel von Kindern zu 90 Prozent mit dem ihrer Mütter überein. Übrigens stimmt auch der Speisezettel von Müttern, die im gleichen Gebiet daheim sind, zu fast 80 Prozent überein, obwohl das nicht daran liegt, dass sie einfach alles essen, was es dort gibt. Das kann man sehen, wenn einmal ein Weibchen einwandert: Ihr Speiseplan deckt sich mit dem von Ortsansässigen nur noch zu 70 Prozent, eine signifikante Abweichung, die bedeutet, dass es Nahrungsquellen gibt, die ortsansässige Orang-Utans aus purer Tradition nicht nutzen.

Als ich das letzte Mal auf einer Liste gesehen habe, auf der alle Orang-Utan-Forscher vermerken, was Orang-Utans so essen, stand die Gesamtzahl bei 2.299 verschiedenen Nahrungsquellen. Das sind nicht nur Arten von Pflanzen oder Tieren, da wird auch unterschieden, welcher Teil einer Pflanze gegessen wird – z.B. die Frucht, die Blüte oder die Rinde. Diese Liste enthält alles, was ein Forscher je irgendeinen Orang-Utan hat essen sehen. Das, was ein bestimmter Orang-Utan davon isst, ist nur ein Teil davon.

Die Nahrungsökologie der Orang-Utans ist ausgesprochen schwierig. Heranwachsende Orang-Utans müssen nicht einfach nur lernen, wo welche Nahrung wächst, sondern auch, wann man was von einer Pflanze essen kann. Im Tropenwald gibt es keine Jahreszeiten, man kann sich also nicht ausrechnen, im Mai kommen die Erdbeeren und ab August werden die Äpfel reif. Es gibt gewisse Anhaltspunkte und dann muss man immer mal wieder hingehen und nachsehen, ob schon etwas Essbares da ist. Diese Schwankungen im Nahrungsangebot und vermutlich auch, welche Hinweise man aus der Ferne nutzen kann – z.B. ob viele Nashornvögel in eine bestimmten Richtung fliegen oder dergleichen –, muss ein Orang-Utan-Kind über Jahre von seiner Mutter lernen.

Viele Dinge, die Orang-Utans essen, sind mit bloßem Auge gar nicht zu sehen. Sie sind „eingebettet" oder versteckt. Eingebettete Nahrung ist beispielsweise Mark, das in Stängeln oder Ranken sitzt; die innere Rinde von Bäumen mit den Leitungsbahnen, Insekten, die in Nestern leben, wie Termiten, Ameisen, Bienen; Honig; und auch die Samen von Früchten, die mit Stacheln oder harten Schalen bewehrt sind. Von außen betrachtet, ist manchmal nicht zu sehen, ob etwas Essbares darin ist. Oder es sieht ungenießbar oder hoffnungslos schwierig aus. Orang-Utan-Kinder sehen ihrer Mutter viel häufiger zu, wenn sie eingebettete Nahrung isst und zubereitet, bei der man geschickt sein muss, als wenn sie einfach nur leckere oder Kraft beanspruchende Dinge isst. Sie schauen sich also ab, wie man an die Nahrung herankommt. Wenn ihre Mutter ein Termitennest in einem Stück totem Holz gefunden hat, schauen sich Kinder danach totes Holz wesentlich genauer an. Sie nehmen es in die Hand, inspizieren es, beißen probehalber darauf und saugen daran. Dieses intensive Interesse hält etwa eine Stunde an, danach ebbt es, sofern sie nicht fündig werden, wieder ab. Das bedeutet, sie probieren selbst aus, vor allem, wenn sie gesehen haben, dass ihre Mutter dort etwas Essbares gefunden hat.

Es gibt außerdem eine Wechselbeziehung zwischen körperlicher Reife und dem, was man essen kann. Einen Baumstamm zu entrinden, um ans Kambium zu kommen, braucht Kraft. Kleine Orang-Utan-Kinder haben diese Kraft noch nicht, selbst, wenn sie schon wissen, dass Kambium gut schmeckt. Das Mark der Rattanpalme ist ebenfalls sehr beliebt. Aber man muss nicht nur geschickt sein, um die mörderischen Stacheln zu meiden, es braucht auch Kraft und Know-how.

Orang-Utan-Kinder gehen acht Jahre lang bei ihrer Mutter in die Lehre, um ökologische Kompetenzen zu erwerben. Die Mutter ist dabei ein geduldiges Vorbild, aber sie *lehrt* nicht. Sie macht etwas vor und überlässt es ihrem Kind, durch Nachmachen und Ausprobieren auf den Trick zu kommen. Die Mutter tut aber noch mehr: Sie gibt auch Essen ab. Angesichts der Nahrungsengpässe und Nahrungskonkurrenz, die den Lebensstil der Orang-Utans bestimmen, ist das bemerkenswert. Es ist auch deshalb interessant, weil der vielleicht wichtigste Unterschied zwischen den nicht-menschlichen Menschenaffen und dem menschlichen Menschenaffen in der Nahrungsversorgung heranwachsender Kinder besteht. Diese ist bei Menschen enorm ausgeprägt und keiner von uns wäre groß geworden, wenn unsere Mütter und meist viele andere uns nicht jahrelang mit Nahrung (und einigem mehr) versorgt hätten.

Kinder mit Nahrung zu versorgen ist so einzigartig nicht. Das tun viele andere Tierarten auch, Katzen, Hunde usw. Aber eben nicht die Menschenaffen, und nicht über viele Jahre hinweg. Die alleinerziehenden Orang-Utan- und Schimpansen-Mütter unterliegen hier extremen Beschränkungen, wollen sie nicht selber verhungern. Das hätte für das Kind auch katastrophale Folgen. Innerhalb dieser Beschränkungen sind sie aber großzügig, unterstützend und pädagogisch gegenüber ihren Kindern und Verwandten.

Was genau geschieht, wenn nicht-menschliche Menschenaffenmütter Nahrung an Kinder abgeben? In den allermeisten Fällen sieht das so aus, dass ein Knirps neben einem Nahrungseigentümer sitzt und sehnsüchtig neugierig die Nase zum Essen hält, so als wäre er stark kurzsichtig. Falls es sich bei der Nahrung um etwas Größeres handelt, eine große Frucht oder ein Stück Holz mit Insekten darin, oder eine Rattanranke, kann man gleichzeitig davon essen. Wenn man nicht auf diese Weise teilen kann, bettelt das Kind, indem es sich herandrängelt, die Hand ausstreckt und intensiv auf das Essen schaut. Fast immer hat es damit Erfolg und ergattert etwas Essbares. Nicht gerade das Beste, oft ist es nur eine Kostprobe, bereits ausgezutzelt und angeknabbert. Aber es ist sehr selten, dass eine Mutter ihrem Kind gar nichts abgibt. Noch seltener allerdings kommt es vor, dass eine Mutter ihrem Kind etwas anbietet und es ihm richtiggehend überreicht. Das Essen-Teilen wird also von den Kindern initiiert und mit sanftem Druck durchgesetzt. Je jünger, ungeschickter und schwächer ein Kind ist, desto mehr gibt ihm die Mutter ab. Besonders von den bereits erwähnten „eingebetteten" Nahrungsmitteln geben die Mütter etwas ab, und nicht nur deshalb, weil die Kinder darum besonders oft bitten. Mit zunehmendem Alter werden die Kinder kompetenter und beginnen, vor ihrer Mutter zu essen oder essen gar allein. Je häufiger Kinder schon von sich aus etwas zu essen finden, desto seltener betteln sie ihre Mutter an und umso weniger verschiedene Nahrungsarten sind es, um die sie noch bitten.

Alles in allem wirkt es fast so, als wüssten Orang-Utan-Mütter, was ihre Kinder schon können und was ihnen noch schwerfällt. Bei dem, was ihnen noch schwerfällt, helfen sie. Hierbei halten sie eine Balance, sie geben Kostproben ab, als wollten sie das kindliche Interesse befriedigen und zugleich wachhalten. Da müssen sich die Kinder manchmal etwas anstrengen, ihre Mutter zu überzeugen, sie will ja keinen Faulenzer zur Unselbstständigkeit großziehen. Wenn Orang-Utan-Mütter ihren Kindern erlauben mitzuessen, leisten sie einerseits einen Beitrag zu deren Kalorienversorgung, aber zugleich sind sie in der Rolle eines Pädagogen, der die Motivation seines Schülers weckt und ihm zu Erfolgserlebnissen verhilft.

Übergang zur Unabhängigkeit

Mit dem Zahnwechsel und dem Erscheinen der bleibenden Zähne ändert sich im Leben eines Orang-Utan-Kindes einiges: Es wird ernährungsmäßig unabhängig von seiner Mutter. Die Mutter wird wieder sexuell aktiv und anziehend für Männer, was dazu führt, dass sich das ältere Kind etwas absondert. Anschließend ist sie schwanger und weniger bereit, mit dem nun schon fast selbstständigen Kind Nahrung zu teilen. Mit fünf bis acht Jahren ist ein Kind entwöhnt und schläft schon in seinem eigenen Nest. Es kann Werkzeuge gebrauchen und versteckte Nahrung erschließen. Mit zehn Jahren streift es allein umher und kommt in die Pubertät und beginnt sich für das andere Geschlecht zu interessieren. Es folgt nun eine Übergangsphase, während der der Teenager zunächst in Sicht- und Hörweite seiner Mutter unterwegs ist, aber zugleich auch vermehrt in der Nähe anderer Orang-Utans anzutreffen ist. Besonders junge Männchen beginnen nun weiträumig herumzustreifen. Sie gehen regelrecht auf Entdeckungstour, kommen aber zumindest in den ersten Jahren immer mal wieder nach Hause.

Junge Weibchen dagegen entfernen sich nicht so weit von ihrer Mutter. Sie sind auch angezogen vom neuen Baby, das ihre Mutter jetzt großzieht. Alle jungen Primatenweibchen sind unglaublich fasziniert von Babys und wollen sie anfassen und herumschleppen. Weder das Baby noch die Mutter sind damit in der Regel einverstanden und so bleibt dem heranwachsenden

Mädchen nichts anderes übrig als – wie früher beim Nahrungsbetteln – in der Nähe herumzulungern, sehnsüchtige Blicke auf das Baby zu richten und sich langsam immer näher zu setzen, auf den Händen zu sitzen und über die Schuler der Mama das Baby anzuschauen und zu beobachten. Vielleicht darf man es mal berühren, oder wenn es älter ist, auch kitzeln. Wenn das ältere Kind eine Tochter ist, kann sich die Zeit, die das neue Baby und seine ältere Schwester mit der Mutter verbringen, überschneiden. Allerdings nur, wenn es für drei genügend zu essen gibt und solange die heranwachsende Dame nicht sexuell aktiv ist. Die Phase des Selbstständigwerdens ist die gefährlichste in einem Orang-Utan-Lebenslauf. Teenager und junge Erwachsenen haben mit ca. sechs Prozent die höchste Sterberate. Das ist bei Menschen durchaus ähnlich.

Im Vergleich zu den anderen Menschenaffen werden Orang-Utans zwar länger gestillt als alle anderen, sie erwerben aber ihre ökologischen Kenntnisse und Fähigkeiten so ziemlich im gleichen Alter wie Schimpansen. Orientiert man sich an den Zähnen, ist anzunehmen, dass auch Menschenkinder einst mit dem Durchbrechen der bleibenden Zähne – im heutigen Einschulungsalter – ökologisch kompetent geworden sind. Die Herausforderung für junge Orang-Utans besteht nun darin, dass sie mit der Unabhängigkeit von der Mutter gleich vollkommen auf sich gestellt sind, während Schimpansen noch jahrelang, die Männer ein Leben lang, die soziale Unterstützung ihrer Familien- und Gruppenmitglieder genießen. Hier sind die Orang-Utans in der Evolution einen Sonderweg gegangen, denn soziale Unterstützung gibt es bei den in Gruppen lebenden Gorillas und Menschen ebenso wie bei Schimpansen. Die Menschen sind allerdings am extremsten, was die fortwährende Unterstützung von Kindern betrifft, die schon bleibende Zähne und jüngere Geschwister haben. Sie lösen das, indem die Mütter Hilfe bei der Kinderaufzucht erhalten und nicht länger nur alleinerziehend sind.

Um also vollkommen auf sich gestellt überleben zu können, muss ein junger Orang-Utan einerseits die „ökologische Matura" bestehen – sich ohne abzustürzen fortbewegen, ein Nest machen, sich im Wald orientieren und seine Essensuchroute planen, versteckte Nahrung zugänglich machen, Werkzeuge herstellen und nutzen, Feinde meiden und mit verschiedensten Wetterlagen und Klimabedingungen umgehen können. Darüber hinaus aber muss ein junger Orang-Utan auch die soziale Reife erlangen. Er oder sie muss wissen, wie man mit bekannten und fremden Orang-Utans umgeht, wie man sich gegenüber vollerwachsenen Männern verhält, was man mit dem anderen Geschlecht anfangen kann, was man von Müttern mit kleinen Kindern zu erwarten hat. Sie müssen sich selbst in der Konkurrenz mit anderen zu behaupten lernen. Und wenn man ein junges Weibchen ist, kommt früher oder später der Zeitpunkt, wo man wissen muss, wie man eine gute Mutter ist.

Indem eine Orang-Utan-Mutter ihr Kind länger stillt als jeder andere Menschenaffe, verhindert sie, früher wieder schwanger zu werden. Das ermöglicht ihr, lange für ihr heranwachsendes Kind da zu sein und – vollkommen auf sich gestellt, ohne die Hilfe von Verwandten und Gruppenmitgliedern – es möglichst lange zu beschützen. Trotz all dieser Bemühungen sind junge Orang-Utans früher und extremer auf sich allein gestellt als alle anderen Menschenaffen.

Was Mütter tun

Säugetiermütter zeichnen sich zunächst dadurch aus, dass sie stillen. Beeinflusst von der Lerntheorie und auch von der Psychoanalyse stellte man sich in der Nachkriegszeit ernsthaft die Frage, ob die Kindesliebe etwa ganz pragmatisch durch das Stillen hervorgerufen würde. Hierzu machte ein amerikanisches Forscherteam mit Harry Harlow an der Spitze dramatische Experimente mit Rhesusaffen. Rhesusaffen gehören zu den Altweltaffen und sind daher mit den Menschenaffen eng verwandt.

Auch sie bekommen nur Einlinge, und die Mütter kümmern sich nach der Geburt intensiv um ihre Kinder. Bei dem entscheidenden Experiment wurden Babyrhesus von ihren Müttern getrennt und mit zwei Attrappen aufgezogen. Die eine war mit einem Frotteehandtuch bezogen, die andere hatte einen Drahtkörper, gab aber Milch. Fotos von den Rhesusbabys kann man noch heute im Internet finden: Die Kleinen klammerten sich an die „Frotteemutter“ und lehnten sich herüber, um bei der „Drahtmutter“ zu trinken, ohne das weiche Frotteetuch zu verlassen. Harlow schloss daraus, dass es für eine Mutter wichtiger sei, sich kuschelig anzufühlen, als Milch zu geben.

Affenmütter sind vielseitig beschäftigt. Sie beschützen ihre Babys vor Wind und Wetter, auch vor wilden Tieren – Schlangen, Raubkatzen, Adlern. Sie sorgen außerdem dafür, dass ein Kind nichts Falsches in den Mund steckt oder damit spielt. Die Orang-Utan-Mutter Signe bemerkte einmal, dass ihr anderthalbjähriger Sohn Saragih mit einer großen haarigen Raupe spielte. Er war dabei, sie in die Hand zu nehmen, und er hätte sie sicher probehalber in den Mund gesteckt. Ganz flink hat sie ihm diese Raupe weggenommen und einfach fallen gelassen. Mehr brauchte es nicht, um Saragih beizubringen, haarige Wirbellose besser in Ruhe zu lassen. Uns war diese Raupe unbekannt, aber wir alle hüten uns vor den haarigen Hundertfüßlern, die giftig sind und scheußliches Nesselfieber verursachen, wenn man sie nur anfasst.

Affenmütter sind also auch Lehrer und Vorbilder. Von seiner Mutter lernt ein kleiner Orang-Utan, was man essen kann, wo man es findet, wann Früchte reif sind, was man isst, wenn es im Wald praktisch nichts Essbares zu finden gibt. Menschenaffenkinder lernen auch mit Werkzeugen, z.B. kleinen Holzstöcken, an verborgene Nahrung zu kommen, oder solche, die von Pflanzen mit Stacheln und Dornen geschützt wird. Eine Orang-Utan-Mutter ist zunächst auch Transportmittel, denn an sie geklammert kann ein kleiner Orang-Utan überallhin. Wenn Menschenaffenkinder älter werden, sind sie natürlich zunehmend schwerer. Das behindert die Mütter ganz ordentlich und immer wieder müssen sie auf die langsamen Kleinen warten. Wenn zwischen Ästen große Abstände bestehen, sodass man nicht ohne Weiteres von einer Baumkrone zur anderen kommt, überbrücken Orang-Utan- und Schimpansen-Mütter den Abstand mit ihrem Körper. Sie halten von beiden Bäumen je einen Ast fest, ziehen sie zueinander hin und lassen ihren Körper dazwischen wie eine Brücke schweben. Ihr Kind spaziert einfach vom Ast auf Mamas Körper, klettert auf ihr entlang und in den nächsten Baum, von wo aus es wieder allein weitergehen kann. Mit drei Jahren können sich Orang-Utans selbstständig fortbewegen, aber Lücken zwischen Bäumen bereiten ihnen doch ab und zu Probleme. Es ist, als wüsste ihre Mutter im Voraus, welche Lücken ihr Kind schon allein meistern kann und welche sie mit ihrem Körper noch überbrücken muss.

Als Saragih einige Monate alt war, begann er an Zweigen und Lianen zu ziehen. Immer wieder, mit viel Geduld, machte er Klimmzüge, trainierte seine dünnen Ärmchen und Beinchen – Menschenaffenkinder sind nicht hübsch fett wie unsere, sondern faltig und ein bisschen mager. Ich habe mich immer gefragt, wie kleine Orang-Utans klettern lernen. Wenn ich die Mutter wäre – würde ich mich derart fürchten, wenn das Kleine seine ersten wackeligen Geh- und Kletterversuche in 30 Metern Höhe unternimmt! Bei Signe und Saragih entwickelte sich das allmählich und undramatisch. Er trainierte seine Muskeln, seinen Klammergriff zunächst, indem er sich an Signe festhielt. Schon nach vier Wochen musste sie ihn kaum mehr stützen. Dennoch formte sie ihren Körper oft zu einer Art Hängematte beim Klettern. Dann kam die Phase, wo er, sobald sie still saß, anfing, Klimmzüge an Lianen und Zweigen zu machen, mit den Füßen aber immer noch auf seiner Mutter, oft auf ihren Schultern oder ihrem Kopf, stand. Als Nächstes kletterte er sachte und langsam in ihrer unmittelbaren Nähe, wo sie ihn jederzeit mit einer kleinen Armbewegung wieder schnappen oder auffangen hätte können. Meist geschah das, während Signe im Nest ruhte und ihm anscheinend langweilig war. Er kletterte auf ihrem Köper herum und dann im Nest, auf dem Nestrand, in den Zweigen oberhalb des Nestes. Wenn er eine Armeslänge weit weg war, kam er immer wieder zurück, nur um gleich wieder loszuziehen. Ich habe selten gesehen, dass sie ihn bei solchen Kletterübungen festhielt. Nur wenn andere Orang-Utans in der Nähe waren, hat sie ihn manchmal eisern am Knöchel festgehalten. Heute ist Saragih 17 Monate alt und Signe lässt ihn zuweilen in einem Bäumchen turnen, während sie selber sich mit etwas am Boden, in zehn bis 15 Metern Entfernung, beschäftigt.

Nachdem Orang-Utan-Mütter so einzelgängerisch sind und in so großen Abständen Kinder bekommen, ist es nicht einfach für ihre Kinder, Spielkameraden zu finden. Wenn sie andere Mütter mit Kindern treffen, ist das natürlich eine feine Gelegenheit. Aber in aller Regel muss eine Menschenaffenmutter auch Alleinunterhalter für ihr Kind sein. Signe hat den neugeborenen Saragih morgens nach dem Aufwachen gern emporgehoben, auf dem Rücken im Nest liegend hat sie ihn in die Morgensonne gehalten, seine Ärmchen gestreckt, seine Händchen aufgefaltet. Seine Handflächen hat sie sich auf Nase und Mund gelegt, sein Gesicht, seinen Bauch, seine Genitalien mit den Lippen betastet, geküsst und seinen Duft eingeatmet. So weit als möglich hat er währenddessen seiner Mutter in die Augen geschaut, mit langen träumerischen Neugeborenenblicken. Als er älter wurde, hat sie begonnen, ihn zu kitzeln und mit den Füßen hochzustemmen, sodass er auf ihren Fußsohlen stand und schaukelte, während sie mit ihren Händen seine Ärmchen hielt.

Saragih ist im April geboren und im Sommer 2015 war es bei uns entsetzlich heiß und trocken. Signe liebte es, zu Bächen zu gehen und dort im Wasser zu spielen – sie ist selber noch ein halbes Kind, erst zehn Jahre alt, eigentlich viel zu jung, um schon

Mutter zu sein. Da hatten wir zunächst Sorgen, dass sie Saragih mit ihrem Planschen überfordert oder ihn gar vergisst und aus Versehen ertränkt. Sie wäre wohl ganz schön beleidigt, wenn sie das wüsste, denn so blöd ist sie natürlich nicht! Das erste Mal setzte sie sich ins seichte Wasser und spritzte, ja schwappte sich unbekümmert ganz viel Wasser auf den Bauch, wo Saragih angeklammert war. Da hat er sich erschreckt und gewimmert. Sofort hat sie aufgehört. Hat seine Nase zärtlich beknabbert, ihn umarmt und sich am Bachrand auf einen Ast gesetzt. Sehnsüchtig geschaut hat sie schon. Später hat er sich weniger gefürchtet und nur sein Gesicht weggedreht, wenn es ihm zu sehr spritzte. Aber wie wild sie auch spielte, sobald Saragih auch nur das leiseste Unbehagen zeigte, hat sie augenblicklich aufgehört. Wenn er hungrig war, hat sie jede Tätigkeit unterbrochen und sich abseits in einen stillen Winkel gesetzt, um ihn zu stillen. Das ist heute immer noch so, nur sind es inzwischen schon ganz andere Ereignisse, die Saragih verunsichern. Mit seiner Mama ist er stark und wenn ihm ein anderer Orang-Utan etwas zu essen wegnehmen will, wird er zornig und droht zu beißen.

Signe hat uns gezeigt, was eine empfindsame und gute Mutter ausmacht: Sie reagiert auf ihr Kind, antwortet auf seine Bedürfnisse, aber sie liest ihm auch die Ideen von den Augen ab und macht Angebote, was es als Nächstes tun könnte. Mutter und Kind werden eine fein aufeinander abgestimmte Einheit. Je nachdem, was das Kind gerade braucht, verhält sich die Mutter eher beruhigend und beschützend, oder sie regt ihr Kind an und bietet Anreiz Neues auszuprobieren und zu erlernen. Allmählich erweitert das Kind so seine Kompetenzen – in einem Jahr werden wir sicher Saragih selber im Bach spielen sehen. Dieses Jahr aber ist er immerhin schon so weit, dass er am Planschen seiner Mutter Vergnügen findet. Indem das Kind nicht überfordert, sondern gefördert wird, lernt es, sich etwas zuzutrauen und versteht, dass es die Welt in den Griff bekommen kann und ihr nicht hilflos ausgeliefert ist.

Diese Darstellung wird jeder Menschenmutter vertraut vorkommen – und mit Affenbabys und ihren Müttern ist das eben ganz genauso. Zwischen Menschenaffenkindern und ihren Müttern besteht eine unglaubliche Harmonie und diese dauert über viele Jahre an. Ich vermute, das gelingt ihnen, weil eine Affenmutter nichts von ihrem Kind will. Es bestehen sehr wenige Gelegenheiten, wo es zu Interessenkonflikten kommen könnte. Es ist bekannt, dass die Fähigkeit einer Mutter, das Ausdrucksverhalten ihres Säuglings feinfühlig wahrzunehmen, richtig zu interpretieren und rasch angemessen zu beantworten, der Schlüssel zu einer guten Mutter-Kind-Bindung ist. Diese mütterliche Feinfühligkeit hat weitreichende Auswirkungen, denn die aus ihr entstehende sichere Bindung entfaltet eine Schutzwirkung gegenüber den Herausforderungen des Lebens, die sich bis auf die körperliche Widerstandsfähigkeit ausdehnt.

Waisen: Frühkindliche Bindung und ihre lebenslangen Folgen

Was aus so einem Menschenaffenkind wird, wenn es seine Mutter verliert, liegt auf der Hand: Wenn es nicht schnellstens eine Ersatzmutter findet, stirbt es selbst. Menschenkindern fehlt es in Waisenhäusern schlicht und ergreifend an Liebe; die Folgen sind schwerwiegend und wirken lebenslang nach. Es ist so wie in Harry Harlows Experimenten mit den Rhesusaffen. In einem dieser Experimente wurde das Rhesusbaby von seiner Frotteemutter getrennt – das war das, was in der Umwelt dieser armen Affenbabys einer echten Mutter noch am nächsten kam. Das Rhesuskind saß in einer Käfigzelle und wenn es viele Male einen Hebel gedrückt hatte, erschien an einem kleinen Fenster in der Zellenwand das Gesicht der Frotteemutter. Die kleinen Rhesusäffchen arbeiteten sich krumm und lahm, nur um hin und wieder einen Blick auf diese Mutterattrappe werfen zu können! Daran konnte auch ein Mann wie Harlow erkennen, dass sie sich wirklich nach einer Mama sehnten.

Wenn man Menschenbabys ohne eine Ersatz- oder Adoptivmutter in einem Waisenhaus groß werden lässt, entwickeln sie psychische Störungen und verhalten sich, wenn sie lange dort bleiben, zunehmend unnormal. Viele dieser Kinder werden einfach auffallend traurig, depressiv und passiv. Sie lernen, dass nichts, was sie tun, in der Welt eine Antwort hervorruft, aber ihr angeborenes Kindergemüt sagt ihnen, dass es so etwas doch geben müsste. Sie verbleichen und verkümmern wie ein Pflänzchen ohne Erde und Wasser. Manche dieser Waisenkinder wirken jedoch auf den ersten Blick ganz normal, sogar ausnehmend freundlich. Einmal bin ich so einem kleinen Mädchen im Zug begegnet. Sie war vielleicht vier Jahre alt. Ein entzückendes hübsches kleines Mädchen. Während ihre mutmaßliche Mutter auf einem Vierersitz neben uns saß, hat sie sie vollkommen ignoriert und sich nur mit mir beschäftigt. Sie wirkte ganz vertrauensvoll, so als würden wir uns schon lange kennen. Ihre Mutter sah traurig aus, ließ sie aber gewähren. Nach einer Weile hielt ich es nicht mehr aus und begann ein Gespräch. Ja, sie habe dieses kleine Mädchen adoptiert. Vor zwei Jahren. Sie sei aus einem rumänischen Waisenhaus, das nach der Ära Ceauşescu aufgelöst worden sei. Man habe ihnen bei der Adoption gesagt, so etwas könnte passieren und das würde so schnell auch nicht weggehen. Es täte ihr aber trotzdem weh. Ihre Adoptivtochter ließe einfach nicht erkennen, dass sie einen Unterschied machte zwischen ihrer Adoptivmutter und fremden Frauen.

Diese Störung wird als „wahlloses“ oder enthemmtes Bindungsverhalten bezeichnet. Normal ist, dass ein Kind einen ganz deutlichen Unterschied zwischen seiner Mama und fremden Frauen macht, ebenso wie die Mutter zwischen „meinem Kind“ und „irgendeinem Kind“ klar unterscheidet. Mutter-Kind-Bindungen sind exklusiv – sie schließen andere, Fremde, aus. Das bedeutet aber keineswegs, dass Menschenkinder nicht auch enge Bindungen mit anderen Personen, Vätern, Großeltern, Tanten, älteren Geschwistern oder auch Nicht-Verwandten eingehen, sondern nur, dass sie sich eine Person auswählen, die die allerwichtigste ist.

Auch in Waisenhäusern versuchen Kinder eine wichtigste Person zu finden und sich ihr anzuschließen. Dort sind jedoch nur wenige Erwachsene für sehr viele Kinder zuständig und arbeiten zudem im Schichtdienst. Und weil dieser Beruf anstrengend ist und schlecht bezahlt wird, wechseln die Angestellten häufig. Es gibt also Konkurrenz unter den Kindern um die wenigen „brauchbaren" Bindungspersonen und kaum Kontinuität in der Verfügbarkeit dieser potenziellen Bezugspersonen. Bei einer Untersuchung rumänischer Waisenkinder zeigten nur 18 Prozent der institutionalisierten Kinder eine sichere Bindung zu irgendeiner Fürsorgeperson. 13 Prozent der Waisen zeigten überhaupt kein oder ein wahlloses Bindungsverhalten. 65 Prozent wiesen ein *desorganisiertes* Bindungsverhalten auf. Diese Kategorie ist auch unter Kindern sehr häufig, die in ihren Familien vernachlässigt oder misshandelt werden. In Anspannungssituationen suchen solche Kinder nicht eindeutig Trost und Nähe, sondern verhalten sich unzugänglich, ängstlich, hilflos oder hyperaktiv. Manche zeigen sogar Stereotypien, also teils bizarre, repetitive und ritualisierte Verhaltensweisen, wie sich wiegen, auf und ab wandern, sogar Selbstverletzungen kommen vor. Desorganisiertes oder unsicheres Bindungsverhalten im Vorschulalter ist verknüpft mit einer hohen Wahrscheinlichkeit, im späteren Leben Schwierigkeiten zu haben: Soziale Anpassung, Disziplin und Leistungsfähigkeit sind häufig eingeschränkt.

Das Verhältnis von Kindern in Waisenhäusern zueinander ist in der Regel auch nicht gerade freundlich oder unterstützend. Sie streiten viel, werden oft handgreiflich und spielen selten und nur kurz. Das steht im Kontrast zu den Erfahrungen mit Menschenaffenwaisen, für deren normale soziale Entwicklung Kindergruppen überaus heilsam, geradezu unabdingbar sind. Wir sehen immer wieder, dass Orang-Utan-Waisen sehr enge Bindungen eingehen. Es gibt aber auch Fälle, wo ein Kind ein anderes wie ein Stofftier regelrecht benutzt. Nicht alle dieser Kinderbeziehungen sind gesund, und zuweilen nützt sie nur einem der beiden. Bei den menschlichen Gesellschaften, bei denen ältere Kinder für jüngere sorgen, stehen Erwachsene durchaus im Hintergrund. Sie leiten an, kontrollieren und unterstützen. Wichtig ist sicher das Alter, in dem ein Kind in eine Kindergruppe eingegliedert wird.

Waisenkinder, die in Ersatzfamilien groß werden, sind in den meisten Fällen wesentlich besser dran. Sogar die Kinder aus den rumänischen Waisenhäusern, die adoptiert wurden, haben sich enorm zum Guten verändert. Eine wichtige Rolle spielt hier das Alter bei der Adoption. Langzeit-Untersuchungen haben gezeigt: Je kürzer ein Kind in einem Waisenhaus ist, desto besser, und je älter es ist, wenn es verwaist, bzw. je jünger es ist, wenn es adoptiert wird, umso besser sind seine Chancen, ein normales Leben zu führen. Ganz ähnliche Ergebnisse hat unsere Arbeit mit ehemaligen Labor-Schimpansen erbracht. Diese waren zwischen dem ersten und fünften Lebensjahr als Waisen in einem biomedizinischen Forschungslabor eingetroffen, wo sie über Jahrzehnte in Einzelkäfigen untergebracht waren. Als wir sie mit 20 bis 30 Jahren zur Rehabilitierung übernahmen, waren alle schwer in ihrem Sozialverhalten beeinträchtigt, manche regelrecht verrückt. Am schlimmsten hatte es die Schimpansenkinder getroffen, die jünger als zwei Jahre alt waren, als sie ihre Mutter verloren und ins Labor kamen. Die etwas älteren Kinder waren resilienter und lernten als Erwachsene auch schneller, sich an ein normaleres Leben – mit Bedingungen wie im Zoo – anzupassen.

Es gibt ganz offensichtlich einen Zusammenhang zwischen den emotionalen Erfahrungen in der Kindheit und der Fähigkeit zur Selbststeuerung und zum Lernen im weiteren Leben. Wie ist das zu erklären? Meine These ist, dass das bei allen Menschenaffen gleichermaßen aus der Notwenigkeit entsteht, Situationen einzuschätzen und angemessene Verhaltensweisen zu erlernen. Wir sind nicht mit Instinkten ausgestattet, die für uns die Interpretation von Situationen übernehmen und gleich auch Reaktionsweisen bereitstellen: Das ist Nahrung, also iss! Das ist ein Spielpartner, also kitzle ihn mal! Das können wir erst, wenn wir bereits etwas gelernt haben. Kleine Kinder, sogar Säuglinge, müssen herausfinden, welche Situationen gefährlich sind, welche nur unangenehm, welche lustig sind, und welche immer wieder auftreten. Sie orientieren sich dabei am Verhalten ihrer Mutter (Bezugspersonen), vor allem an ihrem Gesichtsausdruck. Wir alle wissen, dass ängstliche Mütter ängstliche Kinder haben. Indem eine Menschenaffenmutter ihrem Kind als sichere Basis beisteht, Dinge vormacht, es beschützt oder tröstet, lernt ihr Kind, seine Kompetenzen zu erweitern, ohne sich zu überfordern. Man muss sich geborgen fühlen, um neugierig zu sein. Das bedeutet, dass Waisen nicht nur die Geborgenheit fehlt, sondern auch der motivationale Kompass und das Vorbild für situationsangemessenes Verhalten, das ihre Mutter ihnen gewesen wäre. Genau hier ist die Nahtstelle zwischen gefühlter Sicherheit und Lernen – zwischen Emotion und Kognition.

Wenn wir Menschenaffenwaisen zu kompetenten Wildtieren heranwachsen lassen wollen, dann müssen wir ihnen helfen, dieses Zusammenspiel von Geborgenheitsbedürfnis und Erwerb überlebensrelevanter Fähigkeiten richtig auszutarieren. Dass das nicht immer gelingt, ist offensichtlich. Wenn wir aber die Bindungspsychologie berücksichtigen, können wir früher erkennen, was unsere Orang-Utan-Waisen für eine gesunde Entwicklung brauchen. Manchmal sehen wir kleine Orang-Utans in der Waldschule, die durchaus eigenständig wirken. Erika war so ein Mädchen. Sie zog allein los und suchte Waldnahrung. Selten war sie mit anderen Kindern zusammen und auch die Nähe der Tierpflegerinnen suchte sie kaum. Zuweilen stromerte sie zu weit, und dann riefen benachbarte Bauern an, dass bei ihnen ein Orang-Utan-Kind herumlungerte. Erika wirkte erleichtert, wenn sie abgeholt und nach Hause gebracht wurde. Sie schien sich also etwas zu überschätzen und orientierte sich überraschend wenig an anderen. Als Erika in die Auffangstation kam, wurde sie anfangs verwöhnt und sie ging eine enge Beziehung zur Leiterin der Station ein. Diese schied dann aus dem Projekt aus und Erika entwickelte sich nach einer schwierigen Trennungsphase zu diesem scheinbar kompetenten und unabhängigen Kind. Letztes Jahr wurde sie in die Auswilderungsregion übersiedelt und verschwand binnen kurzer Zeit auf Nimmerwiedersehen. Das war voraussehbar gewesen: Es war bekannt, dass sie sich nicht an anderen orientierte und sie die fremden Personen, die nach ihr sehen sollten, meiden würde, und es war auch absehbar, dass sie nicht allein nach Hause zurückfand. Wenn man ihre Bindungsgeschichte rekonstruiert, hat Erika eigentlich zwei Mütter verloren. Beim zweiten Mal gab es Sorgen, sie würde zu sehr vermenschlicht, also wurde sie in ihren Annäherungsversuchen immer wieder abgewiesen. So wurde der sogenannte Explorationskreislauf gestört. Wenn Erika in der Waldschule etwas begegnete, das ihr Angst machte, dem sie sich nicht gewachsen fühlte, versuchte sie vergeblich eine Ersatzmutter zu finden, die sie tröstete und dabei unterstützte, die Situation zu meistern. Diese ständigen Abweisungs-Erfahrungen dürften dazu geführt haben, dass sie es gar nicht mehr versuchte und sich bemühte, ohne Mutter, ohne Trost und ohne Vorbild allein zurechtzukommen. Sie pendelte also nicht mehr zwischen Beunruhigtsein und Geborgenheit bei der (Ersatz-) Mutter hin und her, sondern war praktisch permanent unsicher. In der Regel gab es aber in der Außenwelt keine Konsequenzen, die mit dieser Ängstlichkeit korrespondierten. Sie lernte, ihre Ängstlichkeit zu ignorieren, statt sie als Ratgeber für kritische Situationen zu nutzen. So begab sie sich in Situationen, die tatsächlich ihre Kompetenz überstiegen und die sie nicht meistern konnte.

Andere Waisen zeigten deutlicher, dass mit ihnen etwas nicht ganz stimmt. Raymond, Totti, Dodo und Arnold bildeten eine Gang von Buben, die den ganzen Tag mit Raufspielen verbrachte. Sie befanden sich ständig auf dem Boden, lernten keine Waldfähigkeiten und fielen den Tierpflegern lästig, indem sie Gegenstände mopsten und immer raufen wollten. Wenn man nicht auf sie einging, steigerten sie ihre Zudringlichkeiten und oft versuchten sie auch wirklich zu beißen. Sie galten als übermäßig menschenbezogen und es wurde versucht, sie nicht zu beachten. Tatsächlich zeigten diese Burschen Anzeichen eines ambivalenten Bindungsverhaltens, von manchen Wissenschaftlern wird das – treffender – *hyperaktiviertes* Bindungsverhalten genannt. Wenn sie mütterliche Zuwendung suchten, wurden sie abgewiesen. Diese Abweisung steigerte natürlich ihr Unbehagen und sie fühlten sich in der Folge noch bedürftiger. Sie suchten Aufmerksamkeit auf Biegen und Brechen, notfalls durch Missetaten. Negative Aufmerksamkeit ist immer noch besser, als ignoriert zu werden. In diesem Teufelskreis von Liebesbedürfnis – abgewiesen-werden – sich noch mehr aufdrängen – wieder abgewiesen werden – waren sie vollkommen gefangen und konnten gar nicht mehr zur Tagesordnung übergehen und sich mit Walddingen befassen. Sie blieben dumm. Mir ist das durch Dodo erst so richtig klargeworden. Er war schon als Zweijähriger zu mir ausgesprochen fies und versuchte immer wieder mich zu beißen. Das tut weh, auch bei so einem Zwerg! Es war fast unmöglich, mich diesem Machtkampf zu entziehen und er ließ sich weder ablenken noch durch Zärtlichkeiten beschwichtigen. Dann verlegten wir die Waldschule in ein neues Gebiet, damit sich die Vegetation regenerieren konnte. Wir zeigten den kleinen Orang-Utans ihr neues Zuhause. Dodo kam wie üblich auf mich zugestürmt, aber etwas war anders. Er ging auf meine Freundlichkeit ein, wollte getragen werden. Ich trug ihn in den Wald, wie eine Orang-Utan-Mutter. Er klammerte sich an und sah sich um. Als ich mich hinsetzte, blieb er auf meinem Schoß sitzen, hielt mich umschlungen. Seine Freunde kamen nach. Er machte sich frei und begrüßte sie. Sie spielten etwas, waren aber alle unsicher und kamen hin und wieder, um ihre Hand auf mein Bein zu legen oder mir forschend ins Gesicht zu sehen. Nach einer Weile kam Dodo zurück, nahm meine Hand und zog mich fort. Er begann wieder mit seinem Beißen und Ringen. Da schnappte ich ihn mir und trug ihn einfach tiefer in den Wald, weg von seinen Spießgesellen und in eine unbekannte Welt. Sofort wurde er wieder nett und kindlich. Er schien es zu genießen, auf meinem Arm die neue Umgebung erkunden zu können, sich von einem sicheren Platz aus zu orientieren. Das wiederholte sich an diesem Tag noch ein paar Mal und seither hatte ich mit Dodo nie wieder Probleme. Heute gilt Dodo als nicht auswilderbar, er hat praktisch keine Waldkenntnisse und ist inzwischen alt genug, mit seinen Aufmerksamkeit heischenden aggressiven Zudringlichkeiten wirklich gefährlich zu werden. Ich hoffe, es bleibt bei dieser Einstufung, denn Dodo würde sicher getötet werden, wenn er zu Fremden kommen und sie so behandeln würde.

Frühkindliche Bindungserfahrungen stellen wichtige und lebenslange Weichen, das sieht man auch daran, dass aus verwaisten Mädchen später oft schlechte Mütter werden. Die Menschenaffen, die heute in Zoos und Labors leben, stammen von Eltern ab, die im Freiland gefangen wurden und als Kinder, oft als Säuglinge, nach Europa oder andere Länder gebracht wurden. Als diese Waisenkinder groß wurden, stellte sich heraus, dass sie oft nicht wussten, wie man mit einem Baby umgeht. Die Babys wurden dann von ihren inkompetenten Müttern getrennt und „von Hand" aufgezogen, also von Menschen, mit der Flasche. Weil die Mütter nicht stillten, wurden sie bald wieder schwanger. Wenn die handaufgezogenen Mädchen selber Kinder bekamen, wussten auch sie oft nicht, was sie mit ihnen anfangen sollten, ließen sie nicht an die Brust, vernachlässigten oder misshandelten sie gar. So wurden auch die Enkelkinder der aus dem Freiland entführten Menschenaffenfrauen wieder von Menschen aufgezogen.

Eine Evaluierung des europäischen Zooverbands (EAZA) zeigte, dass die von Menschen aufgezogenen Menschenaffenweibchen mit hoher Wahrscheinlichkeit ihre eigenen Kinder nicht angemessen versorgen können. Dagegen waren diejenigen, die selber von ihrer Mutter angenommen worden waren, als Erwachsene kompetente Mütter. Der Prozentsatz inkompetenter Mütter reichte von 38 Prozent bei den Orang-Utans über 41 Prozent bei den Gorillas bis zu 49 Prozent bei den Schimpansen. Diesen Verallgemeinerungen liegen immerhin die Daten von 537 handaufgezogenen Menschenaffenmüttern zugrunde. Inzwischen hat man diesen Kreislauf erkannt und versucht, ihn zu durchbrechen und sozial kompetente Menschenaffen nachzuzüchten.

Eine Studie über ausgewilderte Orang-Utans hat ebenfalls erwiesen, dass die Kindersterblichkeit bei rehabilitierten, d.h. in Menschenobhut aufgezogenen Orang-Utan-Waisen um ein Vielfaches höher ist als bei freien von ihrer Mutter großgezogenen Orang-Utan-Weibchen.

Kindheit bei Menschen

Wie erwähnt haben Menschen bei der Versorgung von Kindern einen eigenen Weg genommen, der von dem der Altweltaffen und andern Menschenaffen abweicht. Das genauer zu verstehen ist nicht nur für unsere Selbsterkenntnis als Mensch interessant, es ist ebenso wichtig, wenn wir Orang-Utan-Waisen menschliche Ersatzmütter geben. Wir müssen hier stammesgeschichtliche Gemeinsamkeiten von menschlichen Besonderheiten sorgfältig unterscheiden, damit wir den Orang-Utan-Waisen die richtige Art von Fürsorge geben.

Seit Langem haben Menschen versucht zu verstehen, wie die Welt aussieht, an die wir evolutionär angepasst sind. Auch bei Tieren, die wie wir extrem vom Lernen abhängig sind, existieren genetische Anlagen, die das Lernen und das Wohlbefinden stark beeinflussen. Solche Anlagen sind vielfach im Laufe der Evolution entstanden, weil sie sich förderlich auf das Überleben und die Vermehrung ausgewirkt haben. Selektionsprozesse vollziehen sich jedoch langsam, sodass es oft eine zeitliche Verzögerung gibt, zwischen der Situation, in der eine Anlage wichtig war, und dem Fortbestehen dieser Anlage in einer veränderten Umwelt. Menschen haben ihre Umwelt seit der industriellen Revolution dramatisch verändert. Und schon davor gab es in unserer Stammesgeschichte technische Revolutionen, die einen enormen Einfluss auf Überlebens- und Fortpflanzungsstrategien gehabt haben dürften. Wenn wir nach dem stammesgeschichtlichen Erbe suchen, das unser Fortpflanzungssystem charakterisiert, suchen wir zugleich nach der Umwelt, in der dieses System sich evolutionär entwickelt hat – nach der Umwelt, an die sich unsere Vorfahren damals angepasst haben.

Es gibt heute noch einige wenige Menschen, deren Lebensstil dem unserer Vorfahren ziemlich ähnlich sein dürfte: die Jäger-Sammler-Gesellschaften. Als solche bezeichnet man jene, die praktisch keine Vorratswirtschaft betreiben, keine Gärten oder Felder anlegen und keine Tiere züchten. Weil diese Gesellschaften so aufschlussreich für unser Selbstverständnis sind, wurden diese Kulturen in den letzten Jahrzehnten in einem regelrechten Rennen gegen die Zeit intensiv untersucht. Denn auch bei diesen Völkern ist der Fortschritt angekommen, sie sind irgendwo Staatsbürger, können geimpft und medizinisch betreut werden, müssen sich mit fremder Leute Ansprüchen auf ihr Land auseinandersetzen und in der Konkurrenz mit vordringenden anderen Kulturen und anderen Methoden des Lebenserwerbs irgendwie bestehen. In Hinblick auf Kindheitsentwicklung, Fürsorge für Kinder und Lebensstil können wir Informationen von sechs Jäger-Sammler-Kulturen in Südamerika und Afrika heranziehen. Darin zeichnet sich ein Muster von Gemeinsamkeiten ab.

In Jäger-Sammler-Gesellschaften variieren die Geburtenabstände zwischen drei und vier Jahren. Gemessen an den nicht-menschlichen Menschenaffen, sind sie also eher klein. Gemessen an komplexeren menschlichen Gesellschaften mit Vorratswirtschaft und Besitztum, sind sie jedoch deutlich länger. Bei Jäger-Sammler-Gesellschaften ist die Mutter die wichtigste Bezugsperson für den Säugling und das Kleinkind, aber das Kind ist zugleich von Geburt an eingebettet in ein Fürsorge- und Gemeinschaftssystem, das sich durch intensives Teilen und gegenseitige Unterstützung von anderen Primatengesellschaften unterscheidet. Es kommt sogar vor, dass ein Baby von einer anderen Frau gestillt wird. Gestillt wird in der Regel zwei bis vier Jahre lang. Während dieser Zeit wird das Baby am Körper getragen – als Tragling, aber in einer Schlinge, weil das mit dem Greifreflex an unseren haarlosen Körpern nicht mehr so recht funktioniert. Direkter Haut-Haut-Kontakt ist die Regel. Während der Stillzeit hat das Baby jederzeit die Möglichkeit, an der Brust zu trinken und nutzt diese für häufiges, aber relatives kurzes Trinken. Mütter teilen ihr Bett mit dem Säugling und stillen auch nachts immer wieder. Dieses häufige Stillen in kurzen Abständen scheint nötig, um die Laktationsamenorrhoe – eine durch das Stillen hormonell ausgelöste Empfängnisverhütung – hervorzurufen, sodass die Mutter erst wieder schwanger wird, wenn der Säugling nur noch in großen Abständen trinkt. Die Entwöhnung ist vor der Geburt des nächsten Geschwisters abgeschlossen. Sie ist meist unspektakulär, mit wenig Konflikt, und wird in der Regel durch die Kleinkinder selber mitbestimmt. Ab dem sechsten Lebensmonat wird den Babys vorgekaute Nahrung von Mund zu Mund übergeben, es wird also „zugefüttert". Diese aktive, vom Nahrungseigner initiierte Fütterung läuft zunächst parallel zum Stillen. Es sind bis zu zehn Personen, die sich um ein bestimmtes Kleinkind kümmern, Nahrung mit ihm teilen und es behüten, wenn die Mutter arbeiten muss. Zu diesen Personen entwickelt das Kleinkind eine emotionale Bindung. Ab dem zweiten Lebensjahr ist das Baby zu schwer, um noch ständig getragen zu werden, und immer häufiger lässt die Mutter es in der Obhut seiner anderen Bezugsperson im Camp zurück, während sie selber Nahrung beschafft. Das Kleinkind wächst so in eine Gruppe hinein, die sich aus Kindern unterschiedlichsten Alters und beiderlei Geschlechts zusammensetzt. Die Kinder spielen zusammen, doch die Älteren versorgen und beschützen die Jüngeren zugleich.

Erwachsene in guter körperlicher Kondition sorgen für den Nahrungserwerb, indem sie fern vom Camp vegetarische Nahrung sammeln, fischen und jagen. Wie wichtig erjagtes Großwild wirklich ist, wird weiter unter Fachleuten diskutiert. Es ist aber deutlich, dass große erlegte Tiere sozial sehr wichtig sind, weil sie das Prestige des Jägers enorm steigern, und weil sie mit der gesamten Gemeinschaft geteilt werden. Die Verhandlungen über das Teilen können hitzig sein und sich hinziehen, am Ende bekommt der Jäger selber und auch seine Familie in der Regel weniger als alle anderen. Innerhalb der Gemeinschaft sind Hierarchien nur gering ausgeprägt und man muss sich seine Stellung selber durch Leistungen und geschicktes Sozialverhalten verdienen. Generationenübergreifender Familienstatus scheint nur eine kleine Rolle zu spielen.

Camps werden je nach Nahrungssituation gewechselt. Senioren und Kinder verbringen mehr Zeit im Camp und führen Arbeiten aus, bei denen man weniger Kraft oder Durchhaltevermögen braucht. Wie sehr und ab welchem Alter die Kinder sich an der Nahrungsbeschaffung beteiligen, variiert. Von Heranwachsenden wird jedoch wenig erwartet, sogar was die Fürsorge für Kinder betrifft, und die Toleranz gegenüber sexuellen Abenteuern bei unverheirateten Teenagern ist groß. Bei den !Kung sind Frauen um die 19 Jahre, wenn sie das erste Kind bekommen. Die erste Blutung stellt sich ab dem 17. Lebensjahr ein. Bis in ihre Dreißiger bekommen sie Kinder, mit einer durchschnittlichen Anzahl von knapp fünf lebend geborenen Kindern.

Die Kindererziehung in einer solchen Gemeinschaft zeichnet sich durch extreme Duldsamkeit aus. Auch die Reinlichkeitserziehung, bei uns bekannt unter dem Begriff „Töpfchengehen", wird von den Älteren nicht forciert. Kindern ist praktisch alles erlaubt und vieles wird ihnen nachgesehen. Die Idee, kindliches Verhalten zu dirigieren, zu formen und Kinder gar zu maßregeln und durch Strafen zu disziplinieren, scheint fast völlig zu fehlen. Kinder werden auch nicht unbedingt vor gefährlichen Situationen geschützt – Kleinkinder dürfen also z.B. mit einem Buschmesser spielen –, damit sie durch eigene Erfahrung lernen, sich angemessen zu verhalten. Dennoch nehmen Erwachsene Einfluss darauf, wie sich die Kinder entwickeln; statt Leistung wird soziale Integration betont. Am Beispiel der guten Jäger kann man sehen, dass herausragende Leistungen nicht nur positive Auswirkungen haben, indem ein Mechanismus des Deckelns eingesetzt wird, damit der Erfolg dem guten Jäger nicht zu Kopf steigt. Unerwünschtes Verhalten wird vor allem durch Spott oder Hänseln geahndet.

Die soziale Integration beginnt unmittelbar nach der Geburt mit Zärtlichkeit und Fürsorglichkeit gegenüber dem Neugeborenen. Nicht nur die Mutter, auch Väter, Onkel, Großeltern, Tanten, Geschwister und andere Mitglieder der Gemeinschaft versorgen und herzen das Baby. Sie leisten nachweislich Beiträge, die die Mutter entlasten. Die verschiedenen Kulturen unterscheiden sich darin, wer genau diese sogenannten *allo-mütterlichen* Verhaltensweisen zeigt. Zwei dem Biologen wohlbekannte Faustregeln bestätigen sich immer wieder: Verwandte spielen eine größere Rolle als Nicht-Verwandte, Frauen und Mädchen eine größere als Männer und Jungen. Dessen ungeachtet spielt die Mutter die herausragendste Rolle im Leben eines kleinen Kindes. Sie hat am meisten Körperkontakt, reagiert am häufigsten auf Klagen und Weinen, zu ihr besteht die engste Bindung.

Mit acht Monaten beginnen Menschenkinder zu fremdeln (Acht-Monats-Angst). Sie unterscheiden dann zwischen unbekannten und vertrauten Personen und drücken deutlich ihre Vorliebe für bestimmte Bindungspartner aus. Sie reagieren ängstlich und jammervoll auf jede Trennung von der geliebten Person, suchen Nähe, Trost und Körperkontakt vor allem bei dieser Person. Das ist genau der Zeitpunkt, an dem die Mütter sich am intensivsten um ihre Babys kümmern. Trotz der intensiven Beteiligung anderer Personen an der Kinder-Fürsorge erwählen sich Menschenkinder allem Anschein nach doch eine Hauptbezugsperson und in aller Regel ist das eben die Mutter.

In Bezug auf Fortpflanzung und Aufzucht des Nachwuchses dürfen wir die Jäger-Sammler-Kulturen als ein Bindeglied zwischen den heutigen Industrie-Kulturen und den nicht-menschlichen Menschenaffen sehen: Der Umgang mit Säuglingen und älteren Kindern ist warmherzig und tolerant, man lässt Kindern viel Freiheit, respektiert ihren Willen und lässt sie ihre Erfahrungen selber sammeln. Erstgebärende Mütter sind in Jäger-Sammler-Gemeinschaften sogar noch älter als erstgebärende Orang-Utans, doch Geburtenintervalle sind etwa genau so groß wie bei Gorillas, die die kürzesten Geburtenabstände unter den großen Menschenaffen aufweisen. Die beiden wesentlichen Unterschiede zwischen Menschen und ihren Affenverwandten sind miteinander verknüpft. Während Menschenaffenmütter ihre abhängigen Kinder nacheinander versorgen und erst dann das nächste Baby bekommen, wenn das Kind davor selbstständig wird, versorgen Menschen mehrere abhängige Kinder zugleich.

Beim Übergang zur Vorratswirtschaft ändert sich der Erziehungsstil und der Geburtenabstand wird noch einmal um bis zu zwei Jahre geringer. Auch bei diesen Kulturen sind die Mütter und ihre Kinder eingebettet in eine engmaschige soziale Gemeinschaft, die sich massiv an der Kinderversorgung beteiligt und die Mütter entlastet. Erst in den westlichen Industriegesellschaften finden wir dann die Schrumpfung auf die Kleinfamilie, wo zuweilen die gesamte Fürsorge für den Nachwuchs an der Mutter hängenbleibt, während der Vater sich vorwiegend durch das Erwerben materieller Ressourcen an der Aufzucht beteiligt. Man kann fast sagen: Hier ist ein Rückgriff auf Menschenaffenverhältnisse erfolgt. Eine entscheidende Abweichung von Menschenaffenverhältnissen stellt allerdings die emotionale Kühle dar, die den viktorianischen Stil der Kinderversorgung in großbürgerlichen Familien ausgezeichnet hat. Kinder wurden schon direkt nach der Geburt an Ammen abgegeben, die leiblichen Eltern rückten in die emotionale Ferne. Vielleicht war das sogar weniger problematisch als die Körperfeindlichkeit, man war überzeugt, Herumtragen, Umarmen und Herzen von Kindern sei nicht salonfähig und bezahlte Kinderversorger konnten auch häufig wechseln und mussten von den Kindern nicht wirklich respektiert werden. Dieses kulturelle Erbe legte den Grundstein dafür, dass John Bowlby, Mary Ainsworth und Harry Harlow in den 1950er und 60er Jahren die emotionale Bindung zwischen Mutter und Kind wiederentdeckten.

Es sind nicht nur unterschiedliche Personen, an die sich ein Baby bindet, es gibt auch Unterschiede in der Art der Bindung. Diese treten in der sogenannten *Strange Situation* deutlich zutage. Der Begriff beschreibt ein Experiment, bei dem Mutter und Kleinkind sich in einen unbekannten Raum begeben, wo die Mutter sich für kurze Zeit entfernt und ihr Kind mit einer fremden Person allein lässt. Wie sich das Kind während der Abwesenheit und bei der Rückkehr der Mutter verhält, kann man aus den normalen Interaktionen zwischen Mutter und Baby während dessen ersten Lebensjahr voraussagen. Mütter, die sensibel und situationsangemessen auf die Äußerungen ihres Babys eingingen, brachten Kleinkinder hervor, die mit zwölf bis 18 Monaten auf die fremde Situation reagierten, indem sie die Nähe ihrer Mutter suchten und sich bei ihrer Rückkehr schnell und nachhaltig wieder beruhigten: eine Interaktion, die charakteristisch für eine *sichere* Bindung ist. Als *vermeidend* gebunden bezeichnet man Kleinkinder, die auf die Rückkehr ihrer Mutter nur wenig reagieren. *Unsicher* oder zwiespältig gebundene Kinder beruhigten sich nicht und zeigten Ärger gemischt mit extremer Anhänglichkeit gegenüber ihrer zurückkehrenden Mutter. Die Mütter der nicht sicher gebundenen Kleinkinder hatten sich zuvor unsensibel gegenüber ihren Babys verhalten, hatten ihr Unbehagen öfter ignoriert oder ihrem Baby emotional unsensibel Interaktionen aufgedrängt, die mit der aktuellen Stimmungs- oder Bedürfnislage des Babys wenig zu tun hatten. Es geht hier also um die Passung zwischen Mutter und Baby, die wir am Beispiel Signes und Saragihs bereits kennengelernt haben. Indem sie die Gefühls- und Motivationszustände ihres Babys richtig liest, kann eine Mutter diese Gefühle verständnisvoll spiegeln und abwandeln. So beeinflusst sie ihr Kind sanft und das Kind lernt allmählich, wie es auch allein von einer Stimmungslage in eine andere wechseln kann. Kinder suchen sich Personen, die Trost spenden, Schutz gewähren und Unterstützung geben. Mit einer solchen Person an seiner Seite kann sich ein Kind den Herausforderungen des Lebens stellen: Es beginnt seine Umgebung zu erkunden. Wenn es sich überfordert oder frustriert fühlt, wendet es sich der Mutter zu, wird getröstet und beginnt alsbald wieder zu spielen. Für die Entwicklung von Selbstvertrauen und Geduld, von Frustrationstoleranz und die Steuerung der Aufmerksamkeit ist dieser Kreislauf Kummer –Trost suchen – Trost erhalten – weiterspielen von grundlegender Bedeutung. Alles spricht dafür, dass es sich hier um eine Gemeinsamkeit von Menschen und Menschenaffen handelt.

Über viele Jahre ging man davon aus, eine sichere Bindung sei das Beste für ein Kind, da es sich wohler fühlt als ein unsicher oder vermeidend gebundenes. Sicher gebundene Kinder erwiesen sich auch als kooperativer und lernfreudiger, insgesamt als erfolgreicher. Seit einigen Jahren jedoch wird das in Frage gestellt. Ich bin dennoch der Meinung, die Sachlage ist kulturübergreifend eindeutig.

In einer Untersuchung verglichen M. H. van Ijzendoorn und Kollegen, wie viel Prozent der Bevölkerung in neun verschiedenen Kulturen sicher, ambivalent und vermeidend gebunden sind. Es zeigte sich, dass in allen Kulturen der Anteil sicherer Bindungen bei Weitem überwog. Zu einem ähnlichen

Ergebnis kamen Vergleiche des Erziehungsstils von Müttern in Bielefeld und in einem ländlichen Gebiet in Kamerun. Mütter in beiden Kulturen verhielten sich ihren Säuglingen gegenüber sensibel, unterschieden sich aber gleichwohl darin, wie stark sie das Verhalten ihres Babys kontrollierten und reglementierten. Aus den Unterschieden zwischen Jäger-Sammler-Kulturen und menschlichen Kulturen mit (erblichem) Besitzstand schließe ich zweierlei. Erstens, der Bindungsstil ist unabhängig vom Erziehungsstil und den Erziehungszielen. Ein Kind, das damit rechnen kann, dass man warmherzig und verständnisvoll auf seine Bedürfnisse und Erlebnisse eingeht, wird sich dieser Person anschließen und eine sichere Bindung entwickeln, die es dafür prädestiniert, sich sozial kompetent, emotional eigenständig und lernfähig weiterzuentwickeln – unabhängig davon, ob diese Elternfigur kontrollierend, ehrgeizig oder tolerant erzieht. Zweitens, Babys brauchen von Geburt an eine Person, die sich hauptsächlich um sie kümmert. Sie gedeihen besser, wenn sie mehrere liebevolle Fürsorger haben, wenn also Mutter und Kind in ein soziales Netz unterstützender Personen eingebettet sind. Ob allerdings der primäre Bindungspartner tatsächlich die leibliche Mutter ist oder nicht, ist nicht wirklich entscheidend. Die ersten beiden Lebensjahre sind von prägender Bedeutung dafür, welche Art von zwischenmenschlicher Beziehung ein Kind in seinem weiteren Leben erwartet und sucht. Sichere Bindung ist erstrebenswert – kulturübergreifend ist mütterliche Sensibilität ihre Voraussetzung und bessere soziale Anpassung, Erfolg im Leben des Kindes ihre Folge.

Unsere Beobachtungen an Affen legen nahe, dass dieses Muster deshalb in allen menschlichen Kulturen zu finden ist, weil es sich in der Tat um ein altes stammesgeschichtliches Erbe handelt. Menschenaffen, unsere Orang-Utans funktionieren genauso. Die kulturellen Unterschiede, die nichtsdestotrotz nachweisbar sind, und die menschlichen Besonderheiten müssen uns jedoch sensibilisieren für Fürsorgestile, die unseren

Orang-Utan-Waisen nicht entsprechen und ihnen schaden könnten.

Bei der Übersicht in der Tabelle unten drängen sich Fragen auf: Warum spielen Allo-Mütter bei Menschenaffen praktisch keine Rolle? Warum erziehen und unterrichten Menschenaffen ihre Kinder nicht? Wie wirkt sich die Anwesenheit von Allo-Müttern bei gleichzeitigem Fehlen einer primären Bindungsperson auf Orang-Utan-Waisen aus? Welchen Einfluss hat das Aufwachsen in einer Kindergruppe auf Orang-Utan-Waisen? Macht es dabei einen Unterschied, ob die menschlichen Ersatzmütter zu allen Menschenaffenwaisen gleich enge bzw. distanzierte Beziehungen haben, und was geschieht, wenn besonders enge Beziehungen entstehen? Mit diesen Fragen setze ich mich in den nächsten beiden Kapiteln auseinander.

	Menschen in JSG	**Menschenaffen**	**Orang-Utans**
Gesündeste primäre Bindung	Sicher	Sicher	Sicher
Primärer Bindungspartner	Mutter	Mutter	Mutter
Allo-Mütter	Bis zu 11	Kaum	Nein
Elterliche Duldsamkeit	Extrem	Extrem	Extrem
Soziales Lernen	Ja	Ja	Ja
Erziehung / Lehren	Ja, wenig	Kaum	Kaum
Kindergruppe	Ja	Ja	Kaum

Doppelt gesichert: Saragih klammert sich an Signes Haar und Signe hält für alle Fälle seinen Fuß.

li.: In der Nähe seiner Mutter spielt der acht Monate alte Saragih mit Kiki.
re. o.: Justin hat Signe zu seiner Lehrerin auserkoren und begleitet sie auf Schritt und Tritt. Ihre harmonische Beziehung drückt sich in synchronen Bewegungen aus.
re. u.: Geteilte Aufmerksamkeit

li. o.: Casey nach der Auswilderung.
li. u.: Sri in der Waldschule mit ihre:m Lieblingspfleger Agus.
re. o.: Beim Kitzelspiel mit Kenji lacht Justin mit gebleckten Zähnen, während sein Spielkamerad das klassische Spielgesicht zeigt.
re. u.: Der erwachsene Bujang.

Umweltzerstörung und Industrie bedrohen die Habitate der Orang-Utans.

PAMA

li. o. und re.: Wie die Zeit vergeht: Heli als Kind und als junge Erwachsene.
li. u.: Bungan nachdenklich.

Maya hier mit ihrem ersten Kind. Während einer Trockenperiode hörte Maya auf, ihr erst einjähriges Baby Kaya zu stillen. Kaya starb. Ihr zweites Kind stillte sie länger. Es war drei Jahre alt, als beide zuletzt gesehen wurden.

5

SCHNAPPSCHUSS: MAYA

Die Sicherheitslage im Meratus-Auswilderungsgebiet verschlechterte sich ab 2002, die Zufahrt wurde immer unpassierbarer. Die BOS Foundation fühlte sich nach der Auswilderung nicht länger verantwortlich und die indonesischen Behörden, die formell wieder zuständig waren, konnten keinen Einfluss auf die Zustände in Meratus nehmen. Die Konzessionshalter bekamen die Situation auch nicht in den Griff. Im Jahr 2009 wurden die letzten BOSF-Mitarbeiter von dem Posten in Meratus abgezogen, weil weder ihre Sicherheit noch ihr Versorgungsnachschub garantiert werden konnte. Zurück blieb eine unbekannte Zahl ausgewilderter, halbwilder oder halbzahmer Orang-Utans.

Maya zum Beispiel. Sie hatte sich als Königin des Gebiets um das Auswilderungscamp etabliert und versorgte ihr zweites frei geborenes Baby, als ich sie bei meinem Besuch 2007 sah. Sie setzte sich auf eine Holzbank am Camp und beobachtete aufmerksam unser Treiben. Rasch luden wir alle mitgebrachten Vorräte und das Gepäck von der Ladefläche und verstauten sie sicher im Haus. Dann inspizierte Maya – immer mit ihrem Baby am Körper – das Auto, ob wir auch nichts zurückgelassen hatten. Hatten wir nicht. Das Camp war ein Holzhaus auf Stelzen. Der Bereich unter dem Haus sowie alle offenen Terrassen waren mit Maschendraht und durch Wachtposten gegen Orang-Utan-Diebstähle gesichert. Hölzerne Fensterläden sicherten die Fenster. Eine Vielzahl von übereinander genagelten und auch herabgefallenen Brettern legte Zeugnis ab von fortwährenden Versuchen der Orang-Utans, in Küche und Vorratskammer einzubrechen. Vor dem Haus waren Wäscheleinen aufgespannt, wo wir Wäsche zum Trocknen aufhängten. Maya war durchaus freundlich und begrüßte Anne Russon und den Tierpfleger Budi erkennbar mit Wiedersehensfreude.

Ich wurde gewarnt, dass sich noch vor wenigen Wochen Orang-Utan Bento herumgetrieben hätte, der inzwischen wirklich gefährlich sei und möglicherweise auch sexuelle Absichten gegenüber weiblichen Besuchern hege. Er hatte Willie ernsthaft ins Bein gebissen, der eigentlich immer sein Freund gewesen war. Bento fanden wir bei unserem vorsichtigen Ausflug in den Wald nicht. Doch nachmittags stellte sich Orang-Utan-Mädchen Putri ein, wurde aber von Maya wieder vertrieben. Nachdem Maya durch unseren Besuch nicht materiell profitiert hatte, sah sie die Zeit gekommen, sich für ihre höfliche Geduld selbst zu entschädigen. In einem unbewachten Moment riss sie ein oranges Handtuch und eine Hose von der Wäscheleine. Alsbald erhob sich ein mit Kichern gemischtes Geschrei, und Budi, der Eigentümer, rannte mit halbangezogenen Flipflops täppisch hinter ihr her und ergatterte zumindest die Hose zurück. Das Handtuch behielt Maya. Sie setzte sich damit unter die restliche Wäsche, immer auf der Hut vor anschleichenden Menschen, und spielte Zudecken, Umhängen, Zerreißprobe mit dem leuchtend orangen Handtuch.

Nachdem BOSF die Besetzung des Postens in Meratus aufgegeben hatte, blieb nur die Hoffnung, dass die ausgewilderten Orang-Utans allein durchkommen und selbst auf sich aufpassen könnten. Es gab Gerüchte, dass Holzdiebe und Wilderer sich den Posten aneignet hätten. Im Jahr 2014 schickte die in Samboja ansässige Behörde für Naturschutzforschung einen Erkundungstrupp aus. Die Männer fanden keine Orang-Utans in dem Gebiet und auch keine Nester. Am alten Posten gab es tatsächlich Spuren von Wilderern und auch ein Knäuel von Orang-Utan-Haaren. Sie kamen zurück mit der deprimierenden Folgerung, dass Maya wahrscheinlich getötet worden sei und vermutlich ihr Kind mit ihr. Der einzige Trost, den ich mir hier ausdenken kann, ist, dass vielleicht Mayas Kind inzwischen unerkannt unter den Waisen in BOSFs Auffangstation Samboja Lestari aufgezogen wird.

VON GUTEN HERZEN – UND ZWEIFELHAFTEN ERGEBNISSEN

Hinsehen oder Wegschauen?

Was würden Sie tun, wenn Sie nachts auf der Straße ein Wimmern vernehmen? Nachsehen? Willie Smits erzählt, dass er genau das tat und so auf einem Abfallhaufen in Balikpapan ein verlassenes Orang-Utan-Baby gefunden hat. Ein Leben, im wahrsten Sinne des Wortes weggeworfen. Willie erbarmte sich. So begann die Geschichte der Borneo Orangutan Survival Foundation – BOSF.

Ähnliche Erlebnisse haben zur Gründung von vielen Auffangstationen geführt, und über die Jahre haben sich die Ursachen für derartige Notsituationen verändert. Wo am Anfang Einzelschicksale vorherrschend waren, ist inzwischen die systematische Zerstörung ihrer Wohnorte eine Hauptursache. Eine wesentliche Aufgabe von Auffangstationen ist dabei gleich geblieben: Sie ermöglichen, dass illegal gefangen gehaltene geschützte Tiere von Behörden konfisziert werden können, indem sie einen legalen sicheren Hafen darstellen oder sogar eine artgerechte Zukunft versprechen

Pioniere der drei „R": Camp Leakey

Ursprünglich wurden von Camp Leakey in Zentralkalimantan aus wilde Orang-Utans gesucht und in ihrem Heimatwald beobachtet. Aber auch Birutė Galdikas, eine kanadische Anthropologin und Verhaltensforscherin – inzwischen die wohl berühmteste Orang-Utan-Kennerin –, konnte nicht wegschauen: In den Dörfern im Umfeld der Forschungsstation wurden Orang-Utan-Kinder oft illegal gefangen gehalten. Birutė wollte diese Kinder aufnehmen und ihnen ein Leben in Würde und Freiheit zurückgeben. Wie für Barbara Harrison bestand auch für sie kein Zweifel, dass aus Menschenobhut übernommene Orang-Utans zunächst lernen müssen, wie man sich in einem Urwald verhält: Sie müssen *rehabilitiert* werden. Von den frei geborenen, kompetenten Orang-Utans in der Umgebung sollten die Rehabilitanten diese Fähigkeiten durch Beobachtungslernen erwerben. Darüber hinaus müssen die Rehabilitanten menschliche Tätigkeiten, menschlichen Lebensstil *verlernen*. Camp Leakey stellte einen Stützpunkt dar, von dem aus Orang-Utans in den Wald gehen konnten. Zugleich aber konnten sie wieder zurückkehren und menschlichen Beistand genießen, wenn ihnen das nötig oder einfacher erschien. Auf diese Weise bot Birutė ihren Schützlingen eine Art Brücke zwischen echtem Orang-Utan-Leben in Freiheit und menschenunterstützter Halbfreiheit. Doch sowohl Menschen wie auch Orang-Utans missbrauchten mit der Zeit diese so sinnig erscheinende Lösung.

Ein Problem ergab sich daraus, dass sich Orang-Utans, die einmal mit menschlichen Gegenständen und mit Menschen selbst vertraut waren, nur ungern von diesem süßen Leben mit seinen Annehmlichkeiten, der Unterhaltsamkeit und der Sicherheit wieder trennten. Anschaulich wird das in Anne Russons Buch „Wizards of the Rain Forest“ beschrieben. Anne Russon erforschte im Camp Werkzeuggebrauch und anderes intelligentes Verhalten der Affen. Im Laufe ihrer Beobachtungen wurde ihr deutlich, wie extrem die Orang-Utans, die sich an ein eigenständiges Leben im Urwald gewöhnen sollten, mit menschlicher Kultur vertraut waren. Zugleich waren sie aber ungeschickt im sozialen Umgang miteinander, zogen es vor, sich an menschliche Ersatzmütter anzuhängen und betrachteten teilweise Menschen sogar als Sexualpartner. Statt sich mühselig Waldnahrung zu besorgen und Schlafnester zu bauen, kamen sie stets zum „Gasthaus Leakey“, genossen wohlschmeckendes Essen frei Haus geliefert und usurpierten Hängematten, die Menschen für sich selber vorgesehen hatten. Russon berichtet von Orang-Utans, die mit Holzkohle zeichneten, in Kochtöpfen Nickerchen hielten, mit Begeisterung Wäsche einschäumten und wuschen, Seife aßen, sich an Gitarrenmusik erfreuten, Holz sägten, ihre Haare mit einem Kamm kämmten, ja sogar beinahe mit Kerosin zu kochen begannen.

Letzteres hätte leicht zu einer Explosion und Feuer im Camp führen können, glücklicherweise aber ging die Glut aus, bevor Orang-Utan Supinah das Kerosin anzünden konnte.

Viele Volontäre waren an Erziehung und vor allem an der Bemutterung von Waisen interessiert. Als edukative Maßnahme, durch die weltweit Menschen mit der Misere und der liebenswerten Natur der Orang-Utans vertraut gemacht werden sollten, wurde das Orang-Utan-Volontariat zum Programm. Unzählige Menschen kamen nach Camp Leakey, arbeiteten eine Weile mit den Orang-Utans und gingen wieder, um von anderen ersetzt zu werden. In den 1980er Jahren kamen viele Orang-Utans nach Camp Leakey, die illegal gehandelt worden und als Showstars oder Kindterersatz eng mit Menschen in Kontakt gekommen waren. In Bezug auf natürliches Verhalten war der intensive Kontakt mit vielen verschiedenen neuen Menschen für sie kein Fortschritt – diese Orang-Utans blieben vermenschlicht und lernten nur weitere menschliche Fähigkeiten und Umgangsformen dazu.

Das betraf nicht nur die geretteten Orang-Utans in der Rehabilitierung, sondern auch die freien. Ursprünglich sollten wilde Orang-Utan-Populationen mit geretteten Ex-Gefangenen aufgestockt werden. Durch den steten Zustrom der Rehabilitanten mit ihrem Gefolge von Menschen wurden jedoch wilde Orang-Utans zunehmend vergrault und verdrängt. Andere hingegen gewöhnten sich an die Menschen und genossen gerne die Vorteile von Camp Leakey. Wilde Orang-Utan-Mütter brachten ihre Kinder mit, die in einer Multi-Spezies-Kultur aufwuchsen und vollkommen mit Menschen und ihren Tätigkeiten vertraut wurden.

Man könnte denken, was macht das schon? Das ist doch eine ideale Welt, ein echter Garten Eden! Mir liegt diese Einstellung gar nicht so fern. Haben Sie schon einmal mehrere Wochen im Urwald ohne Strom und Badezimmer verbracht? Wir wollen ja auch nicht die Navajo-Indianer oder die !Kung zu einem Leben ohne Elektrizität oder andere Kulturerrungenschaften vergattern, nur weil sie die nicht selber erfunden haben. Wir wissen aber auch, dass solche

Kulturunterschiede zu Clashs, zu dramatischen Verwerfungen führen, zu Generationenkonflikten, und mit einer Art Identitätsverlust oder zumindest Neuorientierung einhergehen. Ein Garten Eden auf dem Planet Erde ist eben nicht in sich abgeschlossen. Er ist immer dem Einfluss von außen, von Nicht-Eden ausgesetzt. Dieser Einfluss kann in der Form von übertragbaren Krankheiten kommen. Viele gerettete Orang-Utans haben Menschenkrankheiten – Tuberkulose, Hepatitis, Herpes usw. Damit können sie wilde Tiere anstecken. Orang-Utans, die sich unter dem Einfluss naiver Öko-Touristen zu gewieften Trickdieben und Mundräubern ausgebildet hatten, blieben nicht unbedingt in der relativen Sicherheit von Camp Leakey. Wenn sie aber abwanderten, waren sie der Gefahr ausgesetzt, dass anderswo Menschen weniger wohlhabend waren und weniger tolerant auf sie reagierten. Gelinde gesagt.

ORP Wanariset – neue Wege und neue Schwierigkeiten

Mit seinem Orang-Utan-Projekt in Wanariset wollte Willie Smits diese Nachteile vermeiden. Er orientierte sich dabei an den Empfehlungen von Herman Rijksen, der zeitgleich mit Birutė Galdikas in Sumatra Orang-Utans gerettet und wieder ausgewildert hatte. Rijksen hatte für die indonesischen Behörden sein eigenes, aber auch andere Hilfsprogramme evaluiert und auf schwerwiegende Probleme hingewiesen. Zum einen zeigten sich schädliche Auswirkungen auf residente wilde Artgenossen vonseiten geretteter Orang-Utans, zum anderen war klar erkennbar, dass rehabilitierende Orang-Utans von allen fremden Menschen – Volontären wie Touristen – ferngehalten werden müssen, wenn sie je wieder normales Verhalten erlernen sollten. Willie führte zunächst eine strikte Trennung von Orang-Utans und Menschen ein. Gerettete Orang-Utans wurden in Käfigen untergebracht. Tierärzte achteten darauf, entwickelten Quarantänevorschriften und testeten alle neu ankommenden Orang-Utans auf Krankheiten. Im Gegensatz zu früheren Programmen war Tiermedizin hier von Beginn an ein integraler Bestandteil. Die Testverfahren für Tuberkulose und Hepatitis waren damals noch unterentwickelt und führten zu Fehldiagnosen. Allerdings hat es auch nach der Entwicklung eines geeigneten Hepatitis-Testverfahrens noch Jahre gedauert, bis sich die neuen Erkenntnisse ab 2010 endlich durchsetzten. Dutzende Orang-Utans hat das ihre Chance auf Auswilderung gekostet, weil sie während der sensiblen Lernphase nicht in den Genuss von Rehabilitierungsmaßnahmen gekommen waren.

Nach der Eingangsquarantäne wurden die Orang-Utans in Sozialisierungskäfige übersiedelt, wo sie einander kennenlernen und untereinander Freundschaften schließen sollten. Das Ziel hierbei war, die Orang-Utans von menschlichem Einfluss fernzuhalten und ihnen die Möglichkeit zu geben, arttypisches Sozialverhalten zu lernen.

Nach der Sozialisierung in Käfigen wurden viele Tiere direkt ausgewildert. Es waren aber nicht alle Orang-Utans bereits dem freien Lebensstil im Wald gewachsen. Manchen fehlte die Geschicklichkeit, sich in Bäumen zu bewegen, sie fielen, brachen sich die Knochen und mussten wieder zurückgebracht und ausgeheilt werden. Anderen fehlten die Waldkenntnisse: Sie fanden nichts zu essen oder fanden sich nicht zurecht. Viele waren einfach noch zu jung, um sich eigenständig zurechtzufinden. Anne Russon berichtet von jungen Affenmädchen, die selber nicht genug zu essen bekamen, weil sie alles mit Jüngeren teilten, die von ihnen abhängig waren. Sie empfanden diese offenbar als Geschwister und konnten ihnen das Mitessen nicht abschlagen. Andere versuchten in Menschennähe zu bleiben, am Auswilderungsort, am Camp; oder sie suchten fremde Menschen auf, die im Wald wohnten. Orang-Utans, die verschwanden, galten aus erfolgreich ausgewildert.

Die Erfahrungen aus Wanariset und mit den Auswilderungen führten zu einigen Neuerungen: Für Auswilderungskandidaten, die schon älter waren, wurde das *Halbwegshaus* eingerichtet. In diesem umzäunten, mehrere Hektar großen Waldgebiet sollten sich Orang-Utans an die Bedingungen eines freien Lebens im

Wald gewöhnen. Ob sie damit zurechtkamen, wurde durch Verhaltensbeobachtungen untersucht.

Später siedelte das Projekt nach Samboja Lestari um und eine *Waldschule* kam hinzu, in der Orang-Utan-Kinder unter Aufsicht und Fürsorge von Pflegern einige Stunden am Tag üben können, wie man sich als Orang-Utan im Wald benimmt. Dort lernen sie, Nahrung zu finden, Nester zu flechten, Feinde zu meiden, sich zu orientieren und vor allem, sich in Bäumen fortzubewegen und aufzuhalten.

Es wird immer wieder zwischen *harten* und *weichen* Auswilderungen unterschieden. Bei harten Auswilderungen werden die Tiere direkt aus dem Transportkäfig in die Wildnis entlassen und anschließend nicht durch Nahrungsangebote unterstützt. Dieser Definition zufolge waren die Auswilderungen aus Wanariset weich: Es gab Auswilderungskäfige, aus denen die Orang-Utans nach einer kurzen Akklimatisierungszeit entlassen wurden. Es gab, während der Eingewöhnungszeit, auch Futterstellen, wo zusätzlich Nahrung angeboten wurde. Sporadisch wurden wissenschaftliche Studien durchgeführt, für die die ausgewilderten Orang-Utans beobachtet und ihr Verhalten aufgezeichnet wurde. Hunderte von Orang-Utans wurden auf diese Weise ausgewildert.

Wie von Herman Rijksen empfohlen, lebten in Auswilderungsregionen für Orang-Utans aus Wanariset und Samboja Lestari keine wilden Orang-Utans, wenngleich der Wald für sie geeignet war. Das hatte den Vorteil, dass durch die Auswilderungen der geretteten Orang-Utans und die Menschen, die nach der Auswilderung beobachteten und unterstützten, keine ansässigen wilden Orang-Utans gestört und gefährdet werden konnten. Allerdings wurde nach den Auswilderungen nicht systematisch weiter beobachtet, sodass man wenig darüber weiß, wie es ihnen weiter erging. Wie zuvor in anderen Projekten, galten verschwundene Orang-Utans als erfolgreich in den Wald reintegriert. Es dürften aber nicht gerade die konkurrenzstärksten Orang-Utans gewesen sein, die nicht mehr zu den Futterplätzen kamen.

In mancher Hinsicht war das Programm, das Willie Smits aufgebaut hatte, zu seiner Zeit vorbildlich. Doch dann wurde es von einer gigantischen Welle von Orang-Utan-Opfern überrollt: Ende der 1990er Jahre traf ein El-Niño-Phänomen, das große Trockenheit verursachte, mit einem innenpolitischen Chaos zusammen, welches dazu führte, dass zur Gewinnung von Land für Palmöl und landwirtschaftliche Zwecke Urwald in Brand gesteckt wurde. Bis 1996 hatte das Orang-Utan-Rehabilitations-Program bereits über 200 Orang-Utans aufgenommen, aber dann ging es erst richtig los. Während zwischen 1991 und 1996 durchschnittlich knapp 40 Orang-Utans pro Jahr aufgenommen wurden, stieg die Quote zwischen 1997 und 1999 sprunghaft um ein Vierfaches auf über 160 zusätzlich gerettete Orang-Utans an. Pro Jahr. Die Orang-Utans, die in Wanariset ankamen, waren meist in fürchterlichem Zustand – Knochenbrüche, Schnitte und Verbrennungen, viele hatten Schürfwunden oder tiefe Einschnitte von Seilen oder Ketten, die ihnen um die Hüften geschlungen worden waren, damit sie nicht flüchten konnten. Dehydrierung und Fehlernährung waren die Regel.

Durch den enormen Zustrom von Orang-Utans ist seit Jahren die gesamte Infrastruktur von Wanariset einschließlich des neu hinzugekommenen Samboja Lestari vollkommen überlastet. Orang-Utans übervölkern alle Käfige, sogar in allen Zwischentunnels und Übergangsräumen sitzen Orang-Utans fest und niemals kann man einen ohne Betäubung von seinem Käfig an einen anderen Ort transportieren.

Eine weitere Folge der Überbevölkerung in der Auffangstation waren die hohen Betriebskosten. In dieser finanziellen Krise, begann meine Zeit mit den BOSF-Orang-Utans in Ostkalimantan. Als die Lage prekär wurde, entwickelte sich Willie Smits zum Fundraiser. Er reiste viel, hielt Vorträge und versuchte Sponsoren und Unterstützer für seine Arbeit zu gewinnen. Im Jahr 2007 begann die Tierschutzorganisation Vier Pfoten mit ihrer Unterstützung für die Orang-Utans und die Mitarbeiter der BOSF in

Ostkalimantan. Als Leiter der Abteilung für Menschenaffen fiel das in mein Ressort und bald darauf forderte Willie mich auf, meine Sachkenntnis in Samboja einzubringen. 2009 willigte auch der BOSF-Vorstand ein und so begann ich meine Arbeit als Berater des CEO und Vertreter des Haupt-Geldgebers vor Ort.

Verhängnisvoll war nicht nur der überwältigende, nicht abreißende Strom von Orang-Utans, die Rettung brauchten. Zunehmend machte sich bemerkbar, dass es keine geeigneten Auswilderungsregionen gab. Man kann eben diese Heimatvertriebenen nicht einfach in einem Flüchtlingslager aufnehmen und dann gleich wieder in einem schönen Wald freilassen. Vielmehr ist es so wie mit Flüchtlingslagern von Menschen aus chronischen Krisengebieten. Auch sie können sich oft über mehrere Generationen hinweg nicht mehr aus dem Elend der Heimatlosigkeit und des Nicht-Willkommenseins befreien. Die fehlende Auswilderungsregion verursachte einen Auswilderungsstau, bei dem Orang-Utans, die erfolgreich die Waldschule absolviert hatten, wegen zu viel Eigeninitiative oder Aufsässigkeit in Käfige gesperrt wurden und dort zum Teil noch heute einsitzen. Es ist schwer für diese Orang-Utans, an ihre einst vielversprechende Karriere wieder anzuknüpfen, die Jahre, die sie von Menschen abhängig in Käfigen verbracht haben, haben sie verändert.

Bis 2002 waren Hunderte Orang-Utans in Sungai Wain bei Balikpapan und am Gunung Meratus ausgewildert bzw. umgesiedelt worden. Diese Gebiete waren gesättigt und konnten nicht noch mehr Orang-Utans ernähren. Zudem gab es auch dort Probleme mit Waldbränden und illegalen Holzfällern. Zahlreiche Affen mussten Ende der 90er erneut umgesiedelt und wiederholt vor Nachstellungen durch Menschen gerettet werden. Ab 2003 wurden keine weiteren Orang-Utans ausgewildert. Erst Ende 2010 gelang es BOSF, eine Auswilderungsregion nördlich von Samboja als Konzession zur Waldrestaurierung zu erwerben.

Aktuelle Auswilderungsprojekte: neue Technologien und alte Probleme

Durch die hohe Bevölkerungsdichte in Flüchtlingslagern und den Stress können leicht Seuchen ausbrechen. Auch in Auffangstationen. Meine Freundin Citra war als Tierärztin verantwortlich für Wanariset und Samboja und sich dieses Risikos durchaus bewusst. Sie begann Aufzeichnungen zu führen und stellte fest, dass die Sterberate von Orang-Utans Ende der 90er Jahre anzusteigen schien. Die Fälle mit Atemwegssymptomatik häuften sich und ihr kam ein fürchterlicher Verdacht: Tuberkulose? Sie hat daraufhin vorsorglich veranlasst, dass die Orang-Utans aus verschiedenen Bereichen nicht länger miteinander gemischt und hin- und hertransportiert werden durften.

Als ich mich 2007 mit ORP zu befassen begann, fiel mir auf, dass es offensichtlich Tuberkulosefälle in der Population gab. Mir war bewusst, dass kurz zuvor in einem Zoo in den Niederlanden kostbare Bonobos eingeschläfert worden waren, weil sie aus dem Kongo mit Tuberkulose angekommen waren. Die Tuberkulosediagnostik stellt ein ganz besonders düsteres Kapitel dar. Tuberkulose ist eine sehr schwer zu diagnostizierende Krankheit, das Bakterium kann sich im Körper „verstecken" und wird erst nachweisbar, wenn es beginnt, sich zu vermehren und Krankheitssymptome hervorzurufen. Jahrzehntelang war ich in Zoos und Labors tätig gewesen und immer auf TB getestet worden – durch einen einfachen Hauttest. In den Institutionen, mit denen ich zu tun hatte, wurden alle Primaten durch den Augenlidtest auf TB untersucht. Erst nach drei Jahren zunehmend intensiver Recherchen fand ich heraus, dass diese Tests nur für wenige Primatenarten jemals, aber für Orang-Utans niemals validiert worden waren. Skandalöserweise wird einem das normalerweise nicht gesagt. Wen wundert es also, dass gängige Tests sowohl falsch positive wie auch falsch negative Ergebnisse brachten. Fazit: Die gesamte Population war von Tuberkulose-Trägern durchsetzt. Bevor wir das nicht in den Griff bekamen, war es grob fahrlässig, an weitere Auswilderungen auch nur zu denken. Im Jahr 2010 empfahlen uns die Wild-Tierärzte Chris Walzer und Alex Lecu – basierend auf einer Reihe von Tests –, Auswilderungen nach drei Monaten zu wiederholen. Als wir endlich mit dem Durchtesten der Population fertig waren, galten knapp 50 Orang-Utans als Tuberkulose-verdächtig. Darunter war auch Komeng, ein kleiner Orang-Utan, der mit seiner Mutter Komang in der Idylle des Halbwegshauses gelebt hatte.

Da der Eigentümer das Halbwegshaus lieber für den Kohleabbau verwenden wollte, mussten wir die Orang-Utans von dort zurückholen. Dabei fiel Komang beim Screening auf. Sie lebte tatsächlich nur noch drei Tage, in einer Art Delirium, vor der Klinik im Freien liegend, der gut einjährige Komeng in ihr Fell geklammert. Als sie gestorben war, wurden wir Zeuge, wie Komeng trauerte. Er wurde noch eine Weile in der Klinik betreut, zeigte aber keine Symptome und bald gelang es Wiwik, der Cheftierpflegerin, ihn mit einem gleichfalls TB-verdächtigen symptomfreien Orang-Utan-Jungen – Jovan – in einem Käfig zusammenzuführen. Jovan kümmerte sich zunächst sehr liebevoll um Komeng, trug ihn umher und teilte Essen mit ihm. Später konnten sich nach und nach auch zwei kleine Mädchen hinzugesellen. Man musste Jovan aber nach einiger Zeit abtrennen, er begann zunehmend seine kindlichen Gefährten sexuell zu belästigen. Aus Platzmangel wurde er in einen kleinen Zwischenkäfig gesperrt, wo er seit einigen Jahren festsitzt und zuletzt so ärgerlich mit seinem Käfignachbarn durchs Gitter stritt, dass der ihm zwei Finger abbiss.

Nachdem das Tuberkulose-Screening abgeschlossen war, konnten wir mit der Auswahl von Auswilderungskandidaten beginnen. Zusammen mit Samboja-Lestari-Managerin Aschta Boestani und Tierärztin Citra bereiteten wir 2011 die ersten Orang-Utans seit knapp zehn Jahren auf ihre Auswilderung vor. Trotz allem mussten die Auswilderungskandidaten noch eine Ausgangsquarantäne durchlaufen, um die Gefahr, mit den Affen zugleich auch Tuberkulose (oder eine andere Krankheit) auszuwildern und so den gesamten Wildbestand der Region zu gefährden, so gering als möglich zu halten. Nun ist aber eine Quarantäne im üblichen Sinne, mit ihren gefliesten, sterilen Einzelkäfigen, nicht wirklich geeignet, Orang-Utans den letzten Schliff in Überlebensfähigkeiten zu geben. Wir mussten also die psychischen und die medizinischen Bedürfnisse irgendwie miteinander aussöhnen. Wir wählten die Auswilderungskandidaten anhand ihrer Biografie, ihres Alters und ihrer Vorerfahrungen aus. Dann wurden sie eingefangen und veterinärmedizinisch untersucht. Dabei wurden ihnen auch gleich Telemetrie-Sender unter der Haut eingesetzt.

Ein immer wiederkehrender Einwand gegenüber den bisherigen Auswilderungsprojekten war, dass niemand wusste, was aus all den freigelassenen Orang-Utans geworden war. Es fehlte an *Post-Release Monitoring* (PRM). Das ist jedoch einfacher gesagt als getan, denn einem einzelgängerischen Orang-Utan, der nicht gefunden werden will, im Urwald über Stock und Stein, bergauf, talab zu folgen, ist wahrhaftig kein Spaziergang. Bei Schimpansen hatte man mit Telemetrie-Sendern, die an Halsbändern befestigt waren, bereits gute Erfahrungen gemacht. Bei Orang-Utans geht das aber nicht, denn sie haben ein ausgeprägtes Luftkammersystem unter der Haut, das bei erwachsenen Orang-Utans als Kehlsack leicht zu erkennen ist – da kann man keine Halsbänder anziehen. Chris Walzer und seine Kollegen hatten deshalb kleine Sender entwickelt, die etwa die Größe einer Zwei-Euro-Münze haben und knapp einen halben Zentimeter dick sind. Man muss sie vor Gebrauch zur gewünschten Zeit starten und kann sie anschließend implantieren. Mit diesen Sendern würden wir unsere Orang-Utans später im Wald orten und ihnen so gegebenenfalls zu Hilfe kommen können. Die Sender würden zwei Jahre lang acht Stunden am Tag ein Signal aussenden, für jeden Orang-Utan auf einer individuellen Frequenz. Das Radio-Tracking mussten wir und unsere Orang-Utan-Hüter noch üben.

Wir hatten bereits ein bislang ungenutztes, aber botanisch geeignetes Gebiet in Samboja Lestari vorbereitet: Dort sollte nun die Waldhochschule als letzter Schritt vor der Auswilderung stattfinden. Wir brachten die Orang-Utans auf improvisierten Bahren in den Wald. Von dem Zeitpunkt an, als sie aufwachten und in die Bäume aufstiegen, wurden sie fortlaufend betreut und beobachtet. Das Team der Hüter bestand aus erfahrenen Veteranen der Meratus-Ära und jüngeren unerfahrenen Tierpflegern. Alle waren selber zuvor noch einmal gesundheitlich untersucht worden und durften während der Ausgangsquarantäne nirgendwo sonst eingesetzt werden. Sie hatten spezielle Uniformen, die gesondert von allen anderen gewaschen wurden und durften auch ihre Schuhe nur in der Waldschule 3 benutzen. So wurde diese ein gesonderter Betriebsbereich. Die Orang-Utans nahmen diese Ausbildungschance gern an. Sie streiften durch den Wald und ernährten sich ausschließlich von Waldprodukten. Das überraschte uns, wir hatten erwartet, dass wir ihnen Nahrung bringen müssten. Sie erwiesen sich als durchaus kompetent: Alle konnten Nester bauen, alle fanden genug zu essen, sie begannen oder erneuerten Freundschaften, es gab auch Liebschaften unter ihnen, unerfahrene Orang-Utans wie Mail suchten sich Könner als Leitbilder. Hamzah war ein richtiger Teenager: Abends konnte er nicht ins Bett finden und morgens schlief er bis in die Puppen. Zuweilen versetzten sie uns in Angst und Schrecken, weil sie das vorgesehene Gebiet verließen. Mal besuchten sie einen örtlichen Friedhof, mal erkundeten sie eine Kohlemine. Glücklicherweise ließen sie sich gern wieder zurückgeleiten, bevor sie mit fremden Menschen in Kontakt treten konnten. Anfangs machten sich einige auf, Orang-Utans in den Käfigen zu besuchen – da hätten wir beinah von vorne anfangen müssen. Zum Glück konnten sie aber noch vorher abgefangen werden.

Nach fünf Monaten war es so weit: Wir hatten hinlänglich Sicherheit, dass alle Kandidaten sowohl gesund als auch kompetent waren. Sie waren somit die ersten Orang-Utans, die in der neuen Auswilderungsregion, in Kehje Sewen, eine neue Heimat finden würden. Wir charterten einen Hubschrauber, der jeweils drei Orang-Utans in Transportkäfigen sowie eine kleine Anzahl Begleitpersonal transportieren konnte. Aschtas Erfahrung aus den früheren Auswilderungen kam uns zugute. Sie plante, zunächst die möglicherweise schwächeren Orang-Utans auszuwildern: Mail, der manchmal noch kindlich und unsicher war; seine Freundin Lesan, die auch jung, aber bereits durchaus waldkundig war; Wackelkandidatin Casey, mit einer verkrüppelten Hand und einstmals sehr vermenschlicht.

Es gab einen Festakt und Reden wurden gehalten. Mein Magen schien irgendwie verknotet. Endlich wurden die Transportkäfige in den Hubschrauber geladen und wir Mitflieger mussten eilig einsteigen. Dann flogen wir auch schon über die vollkommen zerstückelte Landschaft – mit den Kohleabraumhalden wie große Wunden, den Palmölplantagen, die von oben wir eine afrikanische Kraushaarfrisur aussehen, in Spiralen. Der missbrauchte wunderbare Mahakam-Fluss unter uns. Durch die Löcher beobachtete ich unsere Orang-Utans, die besorgt und ohne Ohrenschoner mitmachen mussten. Unsere Herzen pochten in banger, doch auch triumphaler Vorfreude, wenn wir Menschen einander ansahen. Hier die riesige Wüste der KPC-Kohlemine. Endlich das wunderbare grüne Gebiet der nachhaltigen Narkata-Holzeinschlagskonzession. Und mit einem Mal Hochspannung. Der Kopilot fragte, wo er runter müsse wie lange wir noch zu fliegen hätten – vor uns braute sich eine rabenschwarze Wolkenwand zusammen. Wir hatten keine Zeit zum Angstkriegen. Ja, wo? Die hatten doch die GPS-Koordinaten bekommen?! Der Hubschrauber flog einen Bogen, ich glaubte, zu erkennen die Landefläche von oben. Es begann zu schütten. Der Kopilot machte eine unflätige Bemerkung und dann gingen wir runter. Ein veritabler Regensturm. Das Empfangskomitee war ebenfalls überrumpelt und unsicher und schon wurden die Affenkäfige höchst unsanft aus dem Hubschrauber befördert. Ich blieb als Letzte, damit den Affen nichts geschah. Als ich raushüpfte, sah ich, dass Leute herumstanden, statt die Affen schnell wegzutragen und noch während das endlich anlief, flog der Hubschrauber auch schon wieder los, geradewegs in den Gewittersturm hinein und davon. Im nachlassenden Lärm und Wind wurden die Transportkäfige zunächst unter einer Plane abgestellt. Eine Dayak-Zeremonie wurde abgehalten – mit süßer, sehnsüchtiger Musik. Überall hingen helle gelockte Holzraspeln. Dann wurden uns rote Bändchen mit Perlen um die Handgelenke gebunden. Jetzt waren wir berechtigt, uns im angestammten Wald der Dayak Wehea aufzuhalten.

Durch den Regen war der Fluss angeschwollen und das Hochwasser verhinderte, dass wir die Affen zu ihren Akklimatisierungskäfigen bringen konnten. Eine Nacht am Camp sollten wir abwarten. Das Tierpfleger-Team war bereits auf dem Landweg eingetroffen und hatte alles vorbereitet. Es hatte Stunk gegeben, zwischen dem Team, das das Camp und das Gebiet vorbereitet hatte und den Tierpflegern, die die Affen in der Waldschule betreut hatten und nun auch das Post-Release-Monitoring übernehmen sollten. Die Orang-Utan-Hüter waren nicht im Camp, sondern in einem provisorischen offenen Lager nahe der Freilassungsstelle. Mir schwante Arges.

Am nächsten Tag ging es los. Mit einem Film- und Journalistenteam, der BOSF-Führungsriege und den Tierpflegern. Unsere drei Orang-Utans wirkten ganz okay. Ich saß auf dem Wagen bei den Transportkäfigen, um sicherzugehen, dass die nicht zu sehr wackelten, sich nicht losrissen oder bei Flussdurchquerungen unter Wasser gerieten. Kleine Atemlöcher in den Wänden der Transportkäfige, drinnen war es dunkel. Ich fütterte Bananenschmiere durch diese Löcher, um die Orang-Utans aufzuheitern. Das klappte und sie leckten freudig das weiche Fruchtfleisch auf. Die Wagen hielten und nun mussten die Pfleger die Käfige zu Fuß weitertragen. Unfasslich, was sie leisteten! Die jüngeren, stärkeren begannen, je einer vorne und einer hinten, zwei Holzstangen wurden durch Schlingen geschoben und ruhten auf den Schultern der Träger. Wurde einer müde, musste gewechselt werden. Über Stock und Stein und durch Bäche ging es immer tiefer in den Wald. Bei manchen Flussdurchquerungen sprang schnell ein erfahrener Pfleger bei und hob den Käfig wieder über Wasser oder stützte einen Strauchelnden, bevor er fiel. Die Fotografen waren immer im Weg, aber man lächelte und half, wo man konnte. Endlich kamen wir auf einer Lichtung an, dort standen völlig absurd zwei Käfige, je drei Meter hoch. Casey und Lesan kamen in einen, Mail in den anderen. Bis zum nächsten Morgen sollten sie ihre Beine strecken und eine Idee davon bekommen, wo sie waren. Ich hatte darauf bestanden, obwohl die Käfigerrichter mich verflucht hatten und auch andere das Ganze vollkommen abstrus fanden. Immerhin, ich flog auch immer diese Langstrecken – über 24 Stunden Reisezeit von Samboja nach Hause. Jedesmal vollkommen zerknautscht und benommen. So möchte man nicht in den Urwald entlassen werden …

Am Auswilderungstag zogen alle ihre Dienstkleidung mit dem BOSF-Logo an. Die Honoratioren durften die Käfige vor laufender Kamera öffnen. Tierpfleger hatten von der Käfigtür in die nächsten Bäume Seile gespannt, damit die Orang-Utans nicht durch Filmteam und Honoratioren ihrer Freiheit entgegenwaten mussten. Das klappte: Sie schwangen sich sofort in die Bäume und waren in Nullkommanichts auf und davon. Nur die vorbereiteten Hüter hatten ihre Telemetrie-Empfänger und Beobachtungsblätter parat und gingen hinterher. Bei den leeren Käfigen wurden Interviews gegeben. Plötzlich Unruhe: Casey kam zurück. Sie ging zum Käfig und versuchte, wieder hineinzugehen. Da die Tür bereits zu war, setzte sie sich oben aufs Dach. Sie schien ratlos. Nach einer Weile machte sie sich wieder auf und diesmal versuchte ich mitzukommen.

Ich blieb noch einen Monat im Wald und sah mir an, wie sich unsere Orang-Utans eingewöhnten. Von Anfang an schienen sie zuversichtlich, neugierig und unternehmungslustig. Ohne

Zögern stiegen sie auf Bäume, die höher waren als alles, was sie bisher kannten. Casey machte ein Nest in 20 Metern Höhe. Lesan stöberte einen Adlerhorst auf und wurde, ebenso wie Mail, der ihr gefolgt war, von den Adlereltern mit Scheinattacken vertrieben. Nach zwei Tagen blieb Casey für sich. Am Ende der ersten Woche begannen alle drei, immer häufiger eigene Wege zu gehen. Einmal hatte Casey eine Art Ausschlag am Oberschenkel, wie ein Feuermal. Sie kam zu mir, und als ich mich hinhockte, um es besser zu sehen, legte sie mir die Hand aufs Knie und ließ sich anschauen. Einige Tage später war es weg. Sie hielt sich viel in den Bäumen auf, die verkrüppelte Hand behinderte sie bei der Fortbewegung kaum. Aber wenn sie reife Früchte fand, war es schon schwieriger. Einmal entdeckte sie aprikosengroße orange Früchte, die die anderen in einer Hand sammelten, während sie sich mit den drei anderen Händen verankerten. Casey fielen viele herunter, wenn sie sie mit der beschädigten Hand hielt, doch ihre Sicherheit verlangte zumeist, dass sie alle drei gesunden Hände zum Festhalten benutzte. Sie kam zurecht, aber es war wirklich ein Handicap. Einmal folgten wir ihr und sie kam, vielleicht weil sie uns als Bodyguards betrachtete, auf den Boden. Sie fand etwas … Weiches … Dunkles. Es waren aufgerollte Strümpfe. Wir alle tragen sie, zur Abwehr gegen die Blutegel, Fußballstutzen über den Hosenbeinen. Aber warum sollten die im Wald herumliegen? Vermutlich hatte sie jemand zum Abpolstern der Tragestangen beim Käfigtransport verwendet und vergessen. Casey war hocherfreut. Sie setzte sich nahezu andächtig hin und entrollte die Strümpfe. Dann zog sie sich einen über den Arm, bis hinauf zur Achsel. Im Fuß spreizte sie ihre Finger und betrachtete ihre verfremdete Hand, wendete sie hin und her, Handfläche, Handrücken. Ballte sie zur Faust. Es sah aus als würde sie vor sich hinlächeln. Dann zog sie den Strumpf über den anderen Arm, nahm den zweiten und streifte ihn, beide Hände benutzend, über ein Bein. Bis hoch zur Leiste. Sie betrachtete ihren ausgestreckten angezogenen Arm und hob ihr angezogenes Bein in die Luft.

Sie warf uns einen Blick zu. Grinste. Das Grinsen sah man an den Fältchen um die Mundwinkel und dem Glitzern in ihren Augen. Sie probierte noch diverse Kombinationen von Bein- und Armkleid. Dann zog sie die Strümpfe aus und strich sie sorgfältig der Länge nach glatt, legte sie ordentlich zusammen, erst auf Hälfte, dann auf Viertel, dann Achtel. Wäsche gefaltet, fertig zum Einräumen. Sie musste bei einer Familie gelebt haben, wo sie der Frau bei der Wäsche zugesehen hatte. Sie spielte auch mit Zweiglein und Klötzchen, als wären sie Lidschatten und Puder. Nach einer Weile hatte sie genug und kletterte auf einen Baum, untersuchte ein Gebinde von Lianen und Orchideen, dann ging sie wieder auf Futtersuche. Nahtloser Übergang von menschlichen Tätigkeiten zu normalem Orang-Utan-Verhalten. Ich war hochzufrieden: Casey war nicht vermenschlicht, sie war nur bereichert um Spielmöglichkeiten aus ihrem früheren Leben. Von den dreien ist sie diejenige, die vielleicht ganz gern mal Kontakt gehabt hätte, aber nicht wirklich brauchte. Lesan und Mail waren noch selbstständiger. Aber auch Casey behielt eine Art Leichtigkeit und nahm uns als vertrauten Teil in ihrer neuen Waldumwelt an, eine Konstante aus früherer Zeit, willkommen, aber nicht notwendig. Einmal versuchte sie, wie weit sie gehen konnte, und verlangte, von uns getragen zu werden, als wir sie vom Weg zum Camp abhielten und tiefer in den Wald zurückbringen wollten. Es war so, als würde sie sagen: Wenn ihr mir schon sagen wollt, wo ich sein soll, dann tragt mich gefälligst auch wie ein Kind. Nachdem wir wieder nahe der Akklimatisierungskäfige waren, stieg sie problemlos ab und machte sich allein auf den Weg.

Nach fast vier Wochen erwarteten wir die nächsten drei: Hamzah, der immer ein unzahmer Orang-Utan geblieben war; Berlian, Lesans ältere Freundin, und Abbie, mit der sich Mail angefreundet hatte. Als der Hubschrauber gelandet war, sahen wir, dass nur Berlian und Hamzah mitgekommen waren – Abbie hatte sich nicht einfangen lassen. Sie wurde nach intensivem Jagen später doch noch gefangen und musste auf dem Landweg nachreisen. Wie zuvor Casey und ihre Freunde verbrachten auch Berlian und Hamzah die erste Nacht im Akklimatisierungskäfig. Hamzah vergrub sich regelrecht in den bereitliegenden Zweigen. Am nächsten Morgen schlug er uns allen an Schnippchen, indem er direkt aus der Käfigtür kommend abtauchte und zu aller Überraschung am Boden davonstürmte und sich ins verfilzte Dickicht des nahen Bachbetts schlug. Durch den Telemetrie-Sender konnte er jedoch noch am selben Tag geortet werden.

Berlian zeigte eine ganz neue Seite: Sie schien extrem verstört und verbrachte Stunden mit stereotypem Kreiseziehen in ihrem Käfig. Niemand hatte je erwähnt, dass sie derartige Verhaltensstörungen hatte. Offensichtlich kamen die nur im Käfig zum Ausdruck. Ihre Bewegungsabläufe waren jedoch derart flink, gleichförmig und routiniert, dass mir klar war, es handelte sich um eine extrem fest eingeprägte Stereotypie. So etwas entwickelt sich nicht von heute auf morgen: Vermutlich war Berlian vor ihrer Rettung ziemlich lange sehr unglücklich in einem Käfig eingesperrt gewesen. In der Abenddämmerung wurde sie langsam ruhiger und begann, die Zweige in ihrem Käfig zu einer Matratze zurechtzuschieben. Ich trat dicht heran, um zu sehen, ob sie „ansprechbar" war. Sie beachtete mich zunächst nicht, sondern setzte sich abrupt auf und untersuchte eine Stelle an ihrer Flanke. Ein Blutegel! Ich musste lachen, noch nie hatte ich gesehen, dass sich auch ein Orang-Utan mal einen Egel entfernen musste. Ich machte eine anteilnehmende unernste Bemerkung zu ihr, während sie den Egel langzog wie ein Gummiband. Dann nahm sie ihn in den Mund, und ich dachte, sie zerbeißt ihn, als sie mich mit einem harten Blick ansah und mir plötzlich den Egel ins Gesicht spuckte. Tja, Menschenaffe.

Am nächsten Morgen hatte ich die Ehre, ihr die Tür zur Freiheit zu öffnen. Man möchte von solch einem Moment immer ein Erinnerungsfoto, und man stellt sich vor, wie man Blickkontakt mit dem Affen hat und ihm sozusagen persönlich die Freiheit überreicht. Das Foto von Berlian und mir ist ganz unauffällig.

Wir hatten uns einen Moment zuvor, als aufgeschlossen wurde, angesehen und ich hatte ihr versucht zu sagen: Sorg dich nicht! Dann ging ich sacht zur Tür, entriegelte sie und stellte mich an die Seite. Berlian, die noch immer unsicher war, wollte gern raus und so blicke ich höflich zu Boden, um ihr die Tür freizugeben. Von wegen, einander in die Augen sehen! Berlian verstand und schwang sich sofort auf ein Bäumchen vor ihrem Käfig und zog ohne zu zögern auf der Höhenroute ab in den Wald.

Heute – vier Jahre später – sind Abbie, Berlian und Mail seit Langem verschwunden. Hamzah streift umher, taucht auf und verschwindet wieder, wie es für einen jungen Orang-Utan-Mann typisch ist. Casey und Lesan leben immer noch in der Nähe der Freilassungsstelle. Ist eine Erfolgsquote von drei aus sechs genug? Ich meine nicht. Die Sterblichkeitsrate unter wilden Orang-Utans ist äußerst niedrig, nur – mit sechs Prozent – während der Adoleszenz verhältnismäßig hoch. Ausreichend Raum für Verbesserungen. Altbekannte Probleme, mit denen wir bis heute zu tun haben, bestehen in der Qualität und der Langfristigkeit von Post-Release-Monitoring, also dem Beobachten der Orang-Utans nach der Auswilderung, und der Tatsache, dass manche einfach immer wieder zu Menschen oder ihren Häusern, Gärten oder Fahrzeugen zurückkehren und mit ihnen interagieren wollen.

Wie wir am Fall Meratus gesehen haben, ist die langfristige Sicherheit am Auswilderungsort die Achillesferse der Auswilderungsprogramme. Ähnlichen Bedrohungen sahen oder sehen sich auch die Projekte in Sumatra ausgesetzt. Unabdingbar ist die Einbindung lokaler Interessengruppen – leicht nachvollziehbar, doch schwer in den Griff zu bekommen. Das beginnt mit der lokalen Bevölkerung. Die Menschen sind meist uninformiert, ungebildet und zu Recht daran interessiert, ihre Lebensbedingungen zu verbessern. Sie sind durch Wirtschaftsunternehmen oder „Lokalmatadore“ leicht zu beeinflussen und können ihre Einstellung jederzeit ändern. Es muss also permanent um ihre Unterstützung geworben werden.

Nationen, in denen Menschenaffen daheim sind, verfügen gewöhnlich nicht über langfristige Landnutzungspläne. Somit ist der Schutz von Auswilderungszonen rein gesetzlich nicht dauerhaft gewährleistet. Selbst wenn eine Region Schutzstatus genießt, heißt das in der Praxis wenig. Was wirklich hilft, ob es sich nun um ein staatliches oder privates Schutzgebiet handelt, ist Präsenz vor Ort. Zumindest in Indonesien und Malaysia sind die meisten Landnahmen zunächst friedlich. Erst, wenn sich Menschen festgesetzt und einen Lebensunterhalt aufgebaut haben, sind offene Konflikte unvermeidlich.

Ausländer tun gut daran, besonders sensibel vorzugehen, andernfalls können sie sich selbst in Gefahr bringen, vor allem aber beschädigen sie den Naturschutzgedanken und die Bereitschaft, mit Wildtieren Mitgefühl zu empfinden.

Weltweit scheinen Regierungen zunehmend den gesellschaftlichen Gestaltungsraum an international operierende Unternehmen abzugeben. Es ist daher für den Artenschutz unabdingbar, auch mit Wirtschaftsunternehmen, den wahren Machthabern unserer Zeit, zu verhandeln und Abkommen zu schließen. Kein Schutzprogramm für frei im natürlichen Habitat lebende Menschenaffen – egal ob präventiv oder restaurativ – kann heute ohne flankierendes diplomatisches Programm auskommen. Mit allen Interessengruppen muss auf vielfältige Weise enger Kontakt gehalten werden. Diese Kontakte sollten nicht auf einige wenige Repräsentanten beschränkt sein. Eine unentwegte Präsenz vor Ort im Wald ist unabdingbar und muss über Jahrzehnte gewährleistet werden. Die Empfehlungen sind klar, wenn auch nicht immer leicht umzusetzen.

Wie der Prophet im eigenen Land?

In den durch Waldvernichtung erzeugten Flüchtlingsströmen drohen die Orang-Utans in der Anonymität unterzugehen und ihre Individualität zu verlieren. Quoten und Plansolls für ihre Rückführung werden in ihren Ursprungsländern definiert. So schrieb der Nationale Aktionsplan für Indonesien vor, dass mit dem Jahr 2015 alle geretteten Orang-Utans in die Wildnis zurückgekehrt sein müssten. Wenn wilde Orang-Utans zu ihrem eigenen Schutz umgesiedelt werden, bekommen sie selten Transponder, mit deren Hilfe man sie jederzeit wieder identifizieren könnte.

Gleichzeitig liegt in den westlichen Gesellschaften das Augenmerk auf der rechtlichen Situation des einzelnen – lebenslänglich gefangen gehaltenen – Menschenaffen. Personenrechte werden eingeklagt, Vormunde bestellt für Menschenaffen, die keinerlei Chance haben, je ihr volles Potenzial zu verwirklichen und in Freiheit zu leben. Sind die Menschenaffen durch uns vor die Wahl gestellt, in Freiheit missachtet und verfolgt zu sein oder in Würde den gefangenen Botschafter einer untergehenden Spezies zu mimen?

Mit großer Aufmerksamkeit beobachten die Kinder Friska und Fredy, wie der jungerwachsene Walter mit einem Stöckchen aus einer Baumhöhle Bienenhonig „löffelt".

6

SANDRA UND CECILIA: MENSCHENAFFE SEIN IN ARGENTINIEN

Sandra ist eine Orang-Utan-Dame, die am 14. Februar 1986 im Rostocker Zoo als Mischling von Borneo- und Sumatra-Orang-Utan-Eltern geboren wurde, und derzeit im Zoo von Buenos Aires lebt. Der 140 Jahre alte Zoo liegt heute mitten im Siedlungsgebiet und ist umtost von Verkehrslärm. Viele Gehege gelten als veraltet. Im Jahr 2014 klagte die argentinische Association of Professional Lawyers for Animal Rights (AFADA) den Zoo auf Wiederherstellung von Sandras unverbrüchlichen Rechten auf Freiheit und Unversehrtheit. In anderen Worten: Sandra sollte frei werden. Das Gericht entschied im Dezember desselben Jahres, dass Sandra keine Sache, sondern ein *Subjekt mit Rechten* sei. Der zoologische Leiter kommentierte gegenüber der Presseagentur Reuters, dass die Interpretation von Orang-Utans als Personen eine unsachgemäße Vermenschlichung darstelle. Am 21. Oktober 2015 präzisierte Richterin Elena Amanda Liberatori (nomen est omen), dass Sandra eine *nicht-menschliche Person* sei, eine Kommission solle klären, welche Konsequenzen für Sandras Lebensumstände daraus erwachsen würden.

Nun wird der Zoo wegen vollkommen unangemessener Haltungsbedingungen geschlossen. An seine Stelle soll ein Öko-Park treten, in dem Opfer des illegalen Tierhandels ein Zuhause finden sollen. Aus Sicht argentinischer Tierrechtler war dieser Schritt überfällig, da die Gesellschaft schon längst die Zurschaustellung von Wildtieren und ihre Gefangenschaft in Zoos als würdelos und unzeitgemäß ansehe. Sandra allerdings wird wohl bleiben, wenn auch nicht länger zur Schau gestellt, denn die restriktiven Einreiseregelungen machen es unmöglich, Angebote von Auffangstationen in den USA anzunehmen. Ihre Lebensbedingungen sollen nun vor Ort verbessert werden, doch vermutlich wird sie weiterhin ohne die Gesellschaft von Artgenossen auskommen müssen.

Im November 2016 ging die argentinische Richterin Maria Alejandra Mauriscio noch einen wichtigen Schritt weiter: Die 36-jährige Schimpansin Cecilia, beschied sie, sei umgehend aus ihrer Gefangenschaft im Zoo von Mendoza zu entlassen! Sie soll in eine brasilianische Auffangstation übersiedeln. Cecilia sei keine *Sache*, die ein Zoo besitzen könne, weil – und hier ist sie mit ihrer Kollegin Liberatori ganz einig – sie Rechtssubjekt, eine *nicht-menschliche Person*, sei. „Wir sprechen dabei nicht über Bürgerrechte, wie sie im Bürgerlichen Gesetzbuch niedergelegt sind", erklärte die Richterin, „sondern über die der jeweiligen Spezies zukommenden Rechte auf Selbstentfaltung und auf Leben in ihrem natürlichen Lebensumfeld." In Cecilias Fall habe sogar ihre Gesundheit gelitten unter den traurigen Haltungsbedingungen und der Vereinsamung nach dem frühzeitigen Tod ihrer beiden Artgenossen und Mitgefangenen.

—

DES TEUFELS ADVOKAT

Unter den Artenschützern gibt es welche, die meinen, es wäre verschwendete Energie und Ressource, wenn man versucht, gestrandete Menschenaffenkinder wieder auszuwildern. Sie meinen, dass man diese Kinder nie wieder richtig zum normalen „Funktionieren" bringen kann, sie daher nicht glücklich macht und darüber hinaus das Risiko, das von den Auswilderungsprojekten für noch frei lebende Artgenossen ausgeht, untragbar groß sei. Da tatsächlich die Kosten für restaurativen Artenschutz um ein Vielfaches höher sind als für präventiven, bei dem noch existierende Populationen unter Schutz gestellt werden, ist das ein gewichtiger Einwand. Es geht um die ethische Frage, die meines Erachtens hier das Kernthema ist.

Im Jahr 1960 begann Jane Goodall freilebende Schimpansen zu beobachten. Sie war keineswegs die Erste und Einzige, die freilebende Schimpansen beobachtete – vermutlich aber die Hübscheste. Und es war natürlich großartig, dass ein zartes junges Mädchen in die Wildnis ging, allen Unbilden trotzte und zurückkam mit Berichten – und Fotos! –, die zeigten, wie feinfühlig und zärtlich wilde Schimpansen sein konnten. Mir kam es vollkommen selbstverständlich vor, sich mit Einfühlsamkeit das Vertrauen von wilden Tieren zu verdienen. Wenn man deren Vertrauen erst einmal hätte, würden sie einen in ihr Leben lassen und aufhören, vor einem wegzurennen. Man könnte dann sehen, wie sie leben. Womöglich könnte man sich auf Du und Du mit ihnen verständigen. Und das schien mir der Gipfel des Erstrebenswerten. Mir ist nie in den Sinn gekommen, dass wilde Tiere Wertschätzung nicht mit Duldung oder gar freundlicher Neugier beantworten könnten.

Im Großen und Ganzen ist das auch die Erfahrung, die ich heute, gut 30 Jahre, nachdem ich begonnen habe, professionell Affen zu beobachten, bestätigt sehe. Es waren eher Menschen, auf die diese Faustregel nicht immer zu passen schien. Ich bin jetzt aber nicht so ein Romantiker, der meint, Tiere wären die besseren Menschen!

Ein buddhistischer Lehrer erzählte uns einmal einen Traum. In diesem Traum war er in einem kleinen Ruderboot auf einem großen Fluss. Wie er so dahinruderte, traf er auf ein Krokodil. Das Krokodil weinte bitterlich und bat um Hilfe: Es könne nicht mehr schwimmen und das Ufer sei doch so weit. Es würde sicher untergehen und ertrinken, wenn er ihm nicht helfen würde. Dem Lehrer war das unheimlich. Schließlich handelte es sich um ein großes und gefährliches Krokodil. Aber er wollte hilfreich sein und erlaubte dem Krokodil, ins Boot zu kommen. Dann ruderte er weiter. Als er nahe beim Ufer war, biss ihm das Krokodil blitzschnell den rechten Arm ab. Es hätte ihn sicher ganz aufgefressen, aber dazu kam es nicht mehr. Als er verarztet war und sich bemitleidete, weil ihm das Krokodil, dem er schließlich geholfen hatte, den Arm abgebissen hatte, sagte eine Schildkröte zu ihm: Was erwartest du denn auch? Ein Krokodil bleibt immer ein Krokodil! Da machte der Lehrer seinen Frieden: Die Schildkröte hatte natürlich Recht.

Es gibt eine Gruppe von Wissenschaftlern, die versuchen zu erreichen, dass Menschenaffen die gleichen Grundrechte erhalten wie Menschen. Das klingt verstiegen, oder? Die meisten Leute werden sich vorstellen, das bedeutet, dass wir die Krokodile in die Fußgängerzonen einladen sollen. Schlimm genug, dass die Syrer kommen. Ich möchte etwas genauer erklären, was damit gemeint ist und vor allem, warum jemand überhaupt auf so einen Gedanken kommen kann.

Zunächst muss man sich einmal klarmachen, dass in unserem Rechtssystem Tiere wie *Sachen* behandelt werden. Sie müssen also jemandem gehören, damit sie eine Chance auf Schutz haben. Wenn der Eigentümer aber sein Eigentum ausbeuten möchte, vernachlässigen oder quälen, ist das sein gutes Recht und geht keinen etwas an. Nur wenn damit Lärm oder sonst eine Belästigung der Allgemeinheit verbunden ist, kann es beschlagnahmt werden oder es wird beschieden, das Tier ist umzubringen. Traditionell hatten Tiere kein inhärentes Anrecht auf Schutz oder Unversehrtheit oder auf Freiheit, sondern nur insofern, als unser Gesetz Eigentum schützt. Auch die Wildtiere gehörten jemandem – nämlich dem Landbesitzer. Der war verantwortlich dafür, Raubtiere zu beseitigen und hatte das Recht, „jagdbares“ Wild zu töten. *Das* Wild. Man sieht schon, hier denkt keiner an Einzelwesen. *Das* Vieh. In der abendländischen Tradition haben Tiere keine Seele. Oder jedenfalls keine unsterbliche Seele. So eine Seele habe nur der Mensch, den Gott bekanntlich nach seinem Abbild geschaffen habe. Die Tiere hingegen soll Gott den Menschen gegeben haben, um sie sich untertan zu machen, über sie zu herrschen und sie zu nutzen. Meine muslimischen Freunde lieben es, mich wegen meines Fleischverzichts aufzuziehen: „Ibu Signe, Gott gab den Menschen die Nutztiere zum Essen, die Haustiere als Gefährten und die Wildtiere, damit man sich an ihnen erfreut. Iss!“

Auf das Alte Testament berufen sich Christen, Muslime und Juden – das sind zusammen rund 55 Prozent der Weltbevölkerung. Mit dem Kolonialismus exportierten die Europäer auch ihr Rechtssystem. Vor dem Gesetz sind alle Tiere gleich – von der Küchenschabe bis zum Orang-Utan. Wie wäre es wohl gewesen, wenn im Zweistromland Affen gelebt hätten? Menschenaffen?

Ab dem 15. Jahrhundert erreichten bizarre Berichte über menschenartige Wesen das mittelalterlich-bornierte Europa. Was die Autoren oder Übermittler der Berichte hervorhebenswert fanden, ist aufschlussreich: wilde Menschen, am ganzen Körper behaart, mit platter Nase; vom Menschen unterscheiden sie sich nur durch die Beine, die keine Waden zeigen; sie wohnen ihren Frauen nach unserer Art und Weise bei; ihre Natur ist vollkommen menschlich, nur dass sie statt zu sprechen schreien; Sie schlafen auf Bäumen und bauen sich Dächer gegen Regen; junge Orang-Utans klammern sich so fest an den Leib der Mutter, dass die Eingeborenen, wenn sie das Weibchen erlegen, auch das Junge erhalten, das die Mutter nicht verlässt. Noch gingen Orang-Utans,

Schimpansen, Gorillas, Satyrn und Fabelwesen wild durcheinander, dennoch wurden sie bald zu gefährlichen „Scheusalen". Ihre „Lasterhaftigkeit" und „Geilheit" beschäftigte die Berichtenden ebenso wie ihre „Zwiegestalt", die Menschliches und weniger Menschliches vereint, und sich in ihrer Unbekanntheit bestens als Projektionsfläche für Teufelsphantasien eignete.

Die ersten lebenden Menschenaffen erreichten Europa in der ersten Hälfte des 17. Jahrhunderts. Sie waren damals, wie andere Exoten auch, Attraktionen für Menagerien exotischer Tiere, die sich aufgeklärte und naturinteressierte Adelige hielten. Das waren die Vorläufer der heutigen zoologischen Gärten. Die Haltungsbedingungen waren selbstverständlich katastrophal, aber Schimpansen sind sehr robust und so haben einige ihr Kidnapping in Afrika, die alptraumhafte Schiffsfahrt und einige Jahre an europäischen Höfen überlebt. Man kann sich vorstellen, dass sie in ihrem Elend oder ihrer wütenden Verzweiflung wenig Ehrfucht gebietend gewirkt haben. In Einzelteilen erreichten sie zoologische Sammlungen, Museen und da wurde es zunehmend klar, dass ihr Körperbau dem des Menschen frappierend ähnlich ist.

Im Jahr 1679 trat in England der *Habeas Corpus Act* in Kraft – ein Gesetz, das besagt, dass man Leute nicht ohne juristischen Prozess ihrer Freiheit berauben darf oder gar einfach verschwinden lassen. Dies sollte die Rechte des Adels gegenüber den *Gemeinen* einschränken. Das Gesetz hielt jedoch niemanden davon ab, sogenannte „Wilde" bei ihnen daheim einzufangen oder einzukaufen und einfach nach Europa zu verschiffen. Bis zum Zweiten Weltkrieg gab es in Deutschland „Völkerschauen", bei denen dem interessierten Publikum Menschen fremder Länder in „Originalkostüm" gegen Bezahlung gezeigt wurden. Bereits im 17. Jahrhundert gab es von Indianern bewohnte Eingeborenendörfer in Deutschland. Betrachteten unsere Vorfahren diese Personen als Mitmenschen?

Angelo Soliman wurde um 1720 in Nigeria geboren, fiel als Kind Feinden in die Hände, die ihn gegen ein Pferd eintauschten.

So kam er an Europäer, mit etwa zehn Jahren wurde er freigekauft und eine adelige Dame sorgte dafür, dass er eine Erziehung bekam. Er wurde getauft. Wenngleich er im Habsburgerreich blieb, wechselte er vom zwölften Lebensjahr an mehrfach den Haushalt, arbeitete als Gesellschafter, Soldat und Vorgesetzter anderer Diener und sogar als Erzieher von Prinzen. Ab 1753 lebte er im Haushalt des Fürsten Liechtenstein. Er wurde entlassen, weil er ohne Erlaubnis, mit Ende 40, geheiratet hatte. Seine Tochter aus dieser Ehe ehelichte einen Freiherrn und ihr Sohn studierte Bergbau. Angelo, der sich diesen Vornamen selber gewählt hatte, wurde fünf Jahre später von Liechtensteins Erben wieder in Ehren eingestellt. Er war Freimaurer und starb mit Mitte 70 an einem Schlaganfall. Kein allzu schlechtes Leben, möchte man meinen. Nach seinem Tod machte ein Bildhauer eine Totenmaske, man entnahm seine Eingeweide und bestattete sie. Seine Haut aber wurde präpariert und zehn Jahre lang im Kaiserlichen Naturalienkabinett als halbnackter „Wilder" ausgestellt. Es wird diskutiert, dass er seinen Körper freiwillig vermacht haben könnte. Seine Tochter, die Freiherrin, protestierte aber gegen die Zurschaustellung des Körpers ihres Vaters – vergeblich.

Das Schicksal von Angelo Soliman verdeutlicht, wie ein begabter Mensch sich anpassen, sich trotz Migrationshintergrund einigermaßen integrieren kann und am Ende doch wieder ein Wilder, ein Anderer ist. Wenn so noch im 19. Jahrhundert mit Menschen umgegangen wurde, kann man sich vorstellen, wie vollständig absurd der Gedanke, seelenlose Wesen unter mehr als pragmatischen Eigentumsschutz zu stellen, gewesen sein muss.

Die Idee, dass man als Mensch das Recht habe, Tiere nach Belieben zu nutzen und auszunutzen, hat sehr tiefe kulturelle Wurzeln. Ob das in Kulturen, die nicht auf das Alte Testament zurückgehen, wirklich anders ist, wage ich zu bezweifeln. In Zeiten, als es noch Not gab, war es offensichtlicher, was Menschen anderen Menschen – mit Seelen – antun. Noch vor weniger als hundert Jahren gab es Kopfjäger („heute nennt man das Mord“, zitiert Redmond O’Hanlon einen Ureinwohner Borneos), Sklaven wurden gehalten und wer einmal Sklave war, behielt diesen Status meist Generationen lang. Die Sklaverei ist beileibe keine Erfindung der Europäer, sie haben sie nur, wie so vieles, kommerzialisiert. Astrid Lindgrens Geschichten kommen immer wieder auf das Thema der Armut und Ausbeutung von Kindern in Schweden zurück – das liegt gerade einmal 100 Jahre zurück. Je enger wir den Gürtel schnallen müssen, umso enger ziehen wir den Kreis derer, für die wir uns verantwortlich fühlen und denen wir helfen.

Vor dem Gesetz sind – heute! – bei uns! – alle Menschen gleich. Wenn wir uns aber ehrlich fragen, wie leicht uns Mitmenschlichkeit fällt, stellen wir schnell fest, dass es da gewissermaßen konzentrische Kreise gibt: Je vertrauter, je ähnlicher mir jemand ist, desto eher bin ich geneigt, ihr zu helfen. Im innersten Kreis ist unsere Kernfamilie, dann kommt die weitere Verwandtschaft, die Freunde, dann unsere Mitbürger, Religionsgenossen, Parteifreunde, alle, die noch Frank Zappa gehört haben, Subkulturmitglieder. *Mit*-glied ist so ein tolles Wort: Es sagt, dass man ein Glied von etwas Größerem ist, einer Gemeinschaft, einem Körper. Nach den Kulturgenossen kommen die Menschen im Allgemeinen. Im Zentrum der konzentrischen Kreise steht man selbst. Ego. Ich. Je knapper wir uns bemessen fühlen, desto eher geizen wir. Mit Lob, mit Gütern, mit Mitgefühl. Sind wir glücklich, fühlen wir uns reich und Teilen ist kein Problem.

Quer zu diesen Kreisen der Verwandtheit verläuft eine weitere Dimension, die zuweilen die der Vertrautheit außer Kraft setzen kann: die Schutzbedürftigkeit. Wir sind ja als Spezies zum Erbarmen imstande. Wenn wir ein hilfloses Wesen finden, eines, das schutzbedürftig ist – womöglich ohne eigenes Verschulden und mit Aussicht auf Genesung: Wie sind wir doch zur Hilfe bereit! Besonders wenn es unsere Elterninstinkte anspricht.

Bei den Rechten kann man passive und aktive Rechte unterscheiden. Die passiven Rechte sind die, die einen vor den

Übergriffen anderer schützen. Das sind verbriefte, einklagbare Rechte. Menschenrechte: allen voran das Recht auf Leben und körperliche Unversehrtheit sowie das Recht auf Freiheit. Die aktiven Rechte sind die Pflichten: sich gegenüber anderen anständig zu verhalten und nicht gegen deren passive Rechte zu verstoßen; und im Allgemeinen sich an die Regeln des Zusammenlebens in einer definierten sozialen Gruppe zu halten und Verantwortung zu tragen. Die passiven Rechte schützen vor allem diejenigen, die sich selber nicht wehren können: Kinder, Kranke, Alte, Frauen.

Aber wer findet nun Aufnahme in die illustre soziale Gemeinschaft derer, die diese aktiven und passiven Rechte genießen? Ganz klar: alle Menschen. Die Menschenrechte gelten, seit 1948, universell für jeden, egal wo er geboren wurde, oder was sie verbrochen hat, oder was ihm fehlt. Also auch für Schwerverbrecher oder Komatöse. Jedoch lassen die Menschenrechte Einschränkungen in definierten Fällen zu. Es gibt also eine gewisse Flexibilität im System. Um aber ins System erst einmal hineinzukommen, muss eine Bedingung erfüllt sein: Man muss ein Mensch sein.

Warum? Was ist so besonders an Menschen, dass es sie über alle anderen Lebewesen stellt? Genau das ist die Frage, die hier zur Diskussion steht. Für nachdenkliche Menschen, die sich aus den Schranken religiöser Doktrinen befreit haben, ist das nicht offenkundig. Vielleicht fragt sich auch ein traditionell zweistromländisch Religiöser: Was ist gemeint mit „nach Gottes Ebenbild"? Bedeutet das, Gott hat zwei Hände, eine rechte und eine linke mit je einem opponierbaren Daumen? Das haben andere Affen mit dem Menschen gemein. Soll es heißen, dass Menschen „Personen" sind, leidensfähig, einsichtsfähig, des Mitleidens fähig? Was machen wir aber mit den Erkenntnissen, dass auch Elefanten, Delphine oder eben Affen unbezweifelbar nicht nur leiden können, sondern auch Mitgefühl und Fürsorge an den Tag legen können und einsichtig Probleme lösen?

Einzigartig menschlich?

Einer der ersten Paukenschläge, mit denen wir zum Nachdenken über den Sonderstatus des Menschen angeregt wurden, war Jane Goodalls Beobachtung, dass wilde Schimpansen Werkzeuge verwenden. Werkzeuggebrauch war bis dahin als eine Spezialität des Menschen angesehen worden und flugs musste untersucht werden, ob Schimpansen Werkzeuge instinkthaft, unflexibel und nach einem vorgefertigten genetischen Programm verwenden – oder aber vernunftgesteuert, flexibel wandelnden Bedingungen angepasst. Es erwies sich, dass freilebende Schimpansen und – wie Elizabeth Fox später herausfand – auch Orang-Utans Werkzeuge nicht nur planvoll verwenden, sondern auch herstellen, und sie dies von anderen Artgenossen lernen. Genauere Untersuchungen haben inzwischen gezeigt, dass Menschenaffen lokal unterschiedliche Traditionen herausbilden, die sich nicht erschöpfend durch ökologische Bedingungen erklären lassen. Diese Traditionen werden von einer Generation an die nächste weitergegeben und haben daher den Namen *Kultur* erhalten. Es gibt auch lokal unterschiedliche soziale Sitten bei Menschenaffen.

Freie und gefangene Menschenaffen benutzen materielle Werkzeuge mit größter Selbstverständlichkeit. Am besten untersucht und dokumentiert ist die Herstellung und der Gebrauch von mechanischen Werkzeugen zum Nahrungsgewinn, aber der gezielte Gebrauch von Heilpflanzen ist ebenfalls bekannt.

Orang-Utans auf Nord-Sumatra fertigen und verwenden Holzstöckchen, um an die ölhaltigen Samen der Neesia-Frucht zu gelangen. Diese sind eine Delikatesse von einzigartigem Nährwert, ungünstigerweise sitzen sie aber in einer Fruchthülle, die mit glasfaserartigen Haaren bewehrt ist. Wenn die Frucht reif ist, platzt sie in Längsspalten auf und die Samen werden sichtbar. Die Holzwerkzeuge der Orang-Utans müssen demnach so geartet sein, dass sie sich in diese Spalte einfügen lassen und beim Heraushebeln der Samen nicht brechen. Orang-Utans fertigen die Werkzeuge, bevor sie Neesia ernten: Ein Zweig wird abgebrochen und auf eine eher zu lange Länge gekürzt, dann wird die Rinde abgeschält. Sie nehmen ihr Werkzeug mit in die Bäume, wo sie mehrere Früchte sammeln, die sie an einen geeigneten Platz tragen. Dort wird das Werkzeug zuweilen noch etwas zurechtgestutzt und eine stundenlange Sitzung beginnt. An den Dimensionen der Werkzeuge kann man erkennen, ob sie für Neesia, Bienenhonig oder Termiten verwendet wurden. Manchmal legen Orang-Utans eine Frucht mit unpassender Spaltbreite sorgfältig zur Seite, um sie erst später, mit einem passenden Werkzeug, zu bearbeiten.

Solch planvolles Handeln ist auch von Schimpansen bekannt, deren Werkzeuggebrauch inzwischen seit 40 Jahren untersucht wird. Auch sie fertigen Holzstöckchen für verschiedene Zwecke, aber auch faserige Schwämme und anderes. Besonders aufschlussreich ist das Nüsseknacken der westafrikanischen Schimpansen. Pandanüsse sind so hart, dass selbst Schimpansen sie nicht aufbeißen können. Stattdessen benutzen sie Steinhämmer und legen die Nüsse, die sie zuvor gesammelt haben, auf einen geeigneten Amboss. Nun sind aber Steine im Wald eine Seltenheit und Nüsse reifen mit Zeitabständen an unterschiedlichen Stellen. Sobald Schimpansen reife Nüsse finden, müssen sie also an den Ort zurückgehen, wo sie die Nusshämmer zuletzt verwendet haben, diese holen und an dem Ort, wo derzeit Nüsse reif sind, einsetzen. Weil die Schimpansen tatsächlich so vorgehen, war es möglich, durch reine Beobachtung nachzuweisen: Schimpansen besitzen kognitive Landkarten ihrer Streifegebiete.

Beim Hämmern splittern Steinhämmer ab und Ambosse erhalten zunehmend tiefere Gruben. Um die Arbeitsstätten herum sammeln sich Nussschalen an. Diese Spuren des Werkzeuggebrauchs kann man mit archäologischen Methoden untersuchen. Die Dokumente des Schimpansen-Werkzeuggebrauchs ähneln den frühesten Zeugnissen des menschlichen derart, dass man sich heute die Frage stellt, ob die bisher für Menschenwerkzeug gehaltenen Artefakte tatsächlich und zwangsläufig diesen zugeschrieben werden dürfen.

Ist Sprache eine Voraussetzung dafür, eine Person zu sein? Traditionell wurde dies als selbstverständlich erachtet. Schon früh zeigte sich, dass man Menschenaffen nicht beibringen kann, (akustisch) zu sprechen, wohl aber gesprochene Sätze zu verstehen. Allerdings ist es gelungen, Schimpansen, Bonobos, Gorillas und Orang-Utans, also allen großen Menschenaffen, Zeichensprachen oder gestische Sprachen wie Gebärdensprache beizubringen. Sie waren darin so gut, dass ein berühmter Sprachpsychologe, Noam Chomsky, sich gezwungen sah, Sprache neu zu definieren. Nach Chomsky ist Sprache das, was man erwirbt, wenn man einen angeborenen Spracherwerbs-Mechanismus hat. Durch dieses Umstellen der Torpfosten fühlte man sich hinreichend sicher, dass nun nicht-menschliche Menschenaffen mit Sicherheit nicht unter die der Sprache mächtigen Wesen zu rechnen sind. Die berühmte Schimpansin Washoe und ihre Freunde hat das aber nicht daran gehindert, mit der ihnen von Menschen beigebrachten Zeichensprache kreativ zu kommunizieren. Berühmt sind die Wortschöpfungen. Washoe kannte das Wort für Wassermelone nicht, nannte sie daher „Trinkfrucht", zusammengesetzt aus Zeichen, die sie schon in ihrem Wortschatz hatte. Ein Rettich wurde für Lucy zu „Weinen-Schmerz-Essen". Was, meinen Sie wohl, ist ein „weiß-gestreifter Tiger" Richtig: ein Zebra. Tatus Lieblingsfarbe war Schwarz, sie liebte Dinge in Schwarz und bezeichnete alles, was wir vielleicht „cool" genannt hätten, als „schwarz", auch nette Menschen. Eine Tasche, die sich ein Schimpanse zum Spaß auf den Kopf stülpte, nannte sie dabei „Hut". Nur bei Schimpansen wurde untersucht, ob „sprechende" Schimpanseneltern auch sprechende Schimpansenkinder hervorbringen. Das scheint der Fall zu sein: Zeichensprachliche Elemente werden auch von ungeschulten Schimpansen in ihren ansonsten nonverbalen Alltag aufgenommen, wie wir z.B. Anglizismen übernehmen. Als Washoe einen Sohn aufzog, lernte dieser von ihr, nicht von den Forschern, Gebärdensprache. Er benutzte diese Zeichensprache gelegentlich, um seinen Spielkameraden zu beschuldigen, wenn sie sich gestritten hatten und seine Mutter herbeieilte, dann deutete er auf sich selbst und sagte „Gut gut ich" – woraufhin Washoe den Spielgefährten maßregelte. Nach einer Weile ergriff dieser Gegenmaßnahmen, warf sich zu Boden, weinte und sagte in Zeichensprache: „Komm Umarmen." So besänftigt, schickte Washoe ihren Sohn ins Abseits indem sie ihm bedeutete: „Geh dorthin." Am Morgen nach dem Erntedankfest mit seinem „Vogel Fleisch" verlangte Tatu, dass der „Bonbonbaum" aufgestellt werde. Sie war damit dem Kalender etwas voraus, bewies jedoch, dass sie die Reihenfolge, in der die Festtage aufeinanderfolgen, kannte und antizipierte. Oft wird argumentiert, dass echtes Denken auf einem abstrakten Code beruht, der sprachlichen Gesetzen analog sei. Allerdings haben die Fortschritte in der kognitiven Ethologie gezeigt, dass vorsprachliches Denken möglich ist.

Menschenaffen brauchen keine Sprache, um sich auszudrücken, zu verständigen oder Politik zu treiben. Gefühle drücken sie durch Gesichtsausdrücke, nichtsprachliche Laute und Gebärden aus, die den unseren derart ähnlich sind, dass wir sie spontan verstehen. Wenn sie einen Spiegel haben, verwenden sie ihn sogleich, um sich Körperregionen anzusehen, die so normalerweise nicht anschauen können – sie sehen sich gern ihre Zähne an oder ihr Hinterteil. Wenn man ihnen einen Punkt auf die Nase malt, versuchen sie sich den im eigenen Gesicht abzuwischen, nicht im Spiegel – und das zeigt: Sie wissen, es ist ihr Gesicht, das sie dort im Spiegel sehen.

Wir können also festhalten: Es geht keineswegs darum, „Krokodile in unsere Fußgängerzonen" einzuladen, es will auch keiner den Affen das Wahlrecht geben, die Anwälte der Menschrechte für

Menschenaffen werben schlicht dafür, dass die passiven Rechte – Recht auf Unversehrtheit und Freiheit – unverbrüchliche Rechte der Menschenaffen werden, so wie sie unverbrüchliche Rechte von solchen Menschen sind, die nicht für sich selber sorgen und eintreten können.

Vor einigen Jahren hat Martin Balluch zusammen mit Stefan Traxler versucht, durch ein Gerichtsverfahren einen Vormund für den Schimpansen Hiasl zu bekommen. Der Gedanke dabei war, dass Hiasl seine grundsätzlichen passiven Rechte – vor allem das Recht auf Unversehrtheit, Freiheit und Selbstbestimmung – nicht selber gegenüber Menschen oder Ämtern erkämpfen kann, ebenso wenig wie ein unmündiges Kind oder ein behinderter Erwachsener. Und dass daher ein Vormund nötig ist, der Hiasls Interessen im Streitfall vertreten kann. Dazu waren zwei Gutachten von Sachverständigen notwendig, die erklären sollten, inwiefern ein Schimpanse es verdient, nicht als Sache angesehen zu werden. Eines davon sollte ich schreiben.

Wie baut man eine Argumentation auf, die gegen eine von vornherein schon unplausible Prämisse ankommen soll. Sind Tiere Sachen? Können Tiere körperliches Leiden empfinden? Können sie Angst und seelischen Schmerz empfinden? Ich finde, man kann im Leben ruhig seinen gesunden Menschenverstand, seinen *common sense*, einsetzen. Es ist doch ganz offensichtlich, dass Tiere körperlich und seelisch leiden können und versuchen, Leiden zu vermeiden. Dass Tiere keine Sachen sind, sieht doch jeder!? Eine Sache ist etwas, das keinen eigenen Willen hat. Eine Sache hat kein Leben in sich. Wenn aber etwas lebt und Leiden vermeiden will, kann es nicht richtig sein, wenn andere ungestraft dieses Wesen an Leib und Leben verletzen dürfen. Für moderne westliche Menschen ist die Rechtfertigung, dass Tiere keine Seele haben, oder jedenfalls nicht so eine wie Menschen, in der Regel nicht mehr genug. Wir denken kritisch und sind nicht mehr in religiösen Dogmen verhaftet, die sich einer Überprüfung entziehen. Was ist eine Seele? Viele Menschen suchen heute nach einer säkularen Ethik, einer Ethik, die ohne religiöse Setzungen auskommt, ohne unüberprüfbare Aussagen oder Konzepte. Denn auch jemand, der nicht an Gott glaubt, möchte in der Regel einen moralischen Lebenswandel führen. Ein Grundprinzip einer Ethik, die ohne übernatürliche Setzungen auskommt, ist die gleiche Berücksichtigung gleichrangiger Interessen.

Das Interesse eines fühlenden Wesens, nicht unglücklich zu sein, ist genau wie mein eigenes Interesse, Unglück zu vermeiden. Aus welchem Grund sollte also mein Interesse wichtiger sein? Sich in die Lage eines anderen zu versetzen ist ein Schlüsselmerkmal einer *Person*, weil es eine Grundvoraussetzung dafür ist, Mitgefühl zu empfinden. Mitgefühl ist der psychische Mechanismus, der es uns leicht macht, unsere Motive denen eines anderen unterzuordnen, wenn der das braucht. Wenn wir also einen Interessenkonflikt mit einem Tier haben und Mitgefühl mit ihm empfinden, fällt es uns leichter, unsere Interessen auch dann nicht durchzusetzen, wenn wir das könnten.

In meinem Gutachten zu der Frage, ob Hiasl menschliche Grundrechte haben sollte und ebenso wie ein nichtmündiger Mensch einen Vormund oder Sachwalter brauchte, habe ich mich daher nicht damit befasst, ob Tiere Sachen sind, sondern inwieweit Menschenaffen als *Personen* anzusehen sind. Hierzu muss man zunächst einmal definieren, was man mit *Person* meint.

Intentionale Systeme

Kandidaten für den Status als Person sind diejenigen Wesen, die über Vernunft und Bewusstseinszustände (Meinungen, Wünsche, Gefühle) verfügen und mit denen man am besten umgehen kann, wenn man ihnen gegenüber eine bestimmte Einstellung einnimmt. Diese *intentionale Einstellung* besteht darin, dass man dem Wesen Intentionen zuschreibt, um so erfolgreich sein Verhalten vorherzusagen. Wesen, die diese Bedingungen erfüllen, nennt Daniel Dennett *intentionale System*e – und nur solche sieht er als Kandidaten für den Status einer Person.

Eine weitere Bedingung ist, dass das Wesen die intentionale Einstellung erwidern kann, es seinerseits also anderen Motive und Meinungen zuschreiben kann. Schimpansen z.B. scheinen einen Unterscheid darin zu sehen, ob man ihnen etwas nicht gibt, weil man ungeschickt war, oder weil man unwillig war. Sie versuchen in Zukunft weiter mit dem zu kooperieren, dem ein Missgeschick unterlaufen ist, aber nicht mit dem, der nicht kooperativ war.

Sich in andere hineinversetzen, geplantes Handeln und Selbstbeherrschung

Menschenaffen leben in Gruppen, deren Mitglieder einander individuell erkennen und persönliche und sehr unterschiedliche Beziehungen miteinander unterhalten. Diese Beziehungen sind oft zusätzlich davon beeinflusst, welche weiteren Gruppenmitglieder gerade zugegen oder eben nicht anwesend sind. So kann es sein, dass ein Schimpansenmann einen anderen nur dann dominieren kann, wenn er von seiner Mutter oder einem Freund begleitet ist. Menschenaffen leben folglich in einer sozialen Umwelt, in der auch soziale Beziehungen zu und zwischen Gruppenmitgliedern, die gerade nicht zu sehen sind, geistig präsent sein müssen. Sozialer Erfolg und Macht sind nun abhängig von strategischem Kalkül, taktischem Kooperieren, Selbstbeherrschung und berechnender Großzügigkeit. Sozialer Werkzeuggebrauch bedeutet, Artgenossen zu benutzen, um so seine Ziele zu erreichen. Hierzu ist es sinnvoll zu verstehen, wie andere funktionieren, was sie motiviert, was sie wissen. Haben Menschenaffen eine *Theorie des Geistes*, schreiben sie anderen Intentionen zu, nehmen sie die Perspektive eines anderen ein? Dies sind Themen der neuesten Forschungen. Die Antwort scheint ein vorsichtiges Ja zu sein:

Wenn man in einem Experiment zwei Schimpansen miteinander konkurrieren lässt, gewinnt in der Regel der ranghöhere. Wenn man den ranghöheren aber falsch informiert und der rangtiefere Zeuge dieses Betruges wird, zögert er nicht, diesen Wissensvorsprung zum eigenen Vorteil zu verwenden. Das zeigt, dass der rangtiefere Schimpanse dem ranghöheren eine Motivation zugeschrieben hat und einen – inadäquaten – Informationsstand.

Wenn man in einem Experiment zwei Schimpansen zu Kooperationspartnern werden lässt, zeigt der ranghöhere eine gesteigerte Bereitschaft, Nahrung mit dem Kooperationspartner zu teilen. Auch freie Schimpansen verhalten sich so: Sie zeigen Großzügigkeit gegenüber denen, die ihnen bei der Jagd oder beim Monopolisieren einer Sexualpartnerin geholfen haben. Schimpansen, die ihre Kooperationspartner übervorteilen, werden mit ihren Problemen schlicht alleingelassen. Die Vorteile der Kooperation und die daraus entstehende gegenseitige Abhängigkeit führen dazu, dass Dominante ihre Position nicht ausspielen, sondern lernen, sich zu beherrschen und Rücksicht auf die Interessen ihrer Partner zu nehmen. Wie Menschen auch, sind nicht-menschliche Menschenaffen viel eher bereit, fürsorgliches Verhalten gegenüber Verwandten, Freunden und Bekannten zu zeigen; Fremden gegenüber verweigern sie es oft vollständig.

In der Auffangstation Ngamba beobachtete ich, wie zwei Schimpansenmädchen auf einen kleinen Schimpansenjungen, Icky, warteten, um mit ihm zum Spielen in den Wald zu gehen. Icky vertraute ihnen nicht und entfernte sich rückwärts von den Mädchen. Dabei bewegte er sich, ohne dessen gewahr zu sein, auf einen Elektrodraht zu. Die beiden Mädchen sahen dies, gingen auf Icky zu und forderten ihn mit ausgestreckten Armen auf, zu ihnen zu kommen. Kurz bevor er tatsächlich in den Draht geriet, fingen beide Mädchen an, das Gesicht zu verziehen. Icky schrie vor Schmerzen, die Mädchen riefen aufgeregt, rannten hin und her, aber umarmten ihn erst, als er aus eigener Kraft vom Elektrodraht weggekommen war. Diese Episode zeigt nicht nur, dass die älteren Mädchen wussten, dass Elektrodraht Schmerzen bereitet, sondern sie bemühten sich auch nach Kräften, den Unfall zu verhindern. Als dies nicht möglich war, versuchten sie immerhin den Unglücksraben zu trösten. Ein Beispiel für spontane Empathie.

Individualität und Mitgefühl

Unser Mitgefühl scheint dann anzuspringen, wenn wir es mit einem tragischen Fall zu tun haben. Individualität scheint eine Voraussetzung zu sein. Selbst wenn wir über Massentötungen informieren, greifen wir Einzelschicksale heraus, um die Sachinformation fühlbar werden zu lassen. In der Katastrophe der Waldvernichtung verlieren die Menschenaffen nicht nur ihr Leben, sie verlieren auch ihre Individualität. In überfüllten Auffangstationen werden sie, die ihrer Natur nach auf Langlebigkeit selektioniert sind, mit höchst individuellen Lerngeschichten und Biografien, anonym. Einer von Hunderten. Wenn ich langjährige Tierpfleger frage, woran sie sich noch in Einzelheiten aus der Kindheit von Yuni oder Jovan erinnern können, kommt nur sehr wenig. Wie war noch der Name von Saprols Mutter? Haq, Wimar und andere sind einfach aus dem Projekt verschwunden. Wer kann sich noch an die rätselhaften Tode von Ing, Marampa oder Hendri erinnern? Oder daran, warum Tinatun trotz einer Mutter unter den Waisen aufwächst? Unsere Anteilnahmsfähigkeit erschöpft sich, wenn wir eine endlose Kette von tragischen Schicksalen durch unsere Hände gleiten sehen. Denn auch wir sind Menschenaffen: auf Individualität und wenige, aber hohe Einsätze selektioniert.

Wenn man sich das alles vor Augen hält, werden zwei Dinge deutlich: Zum einen sind uns Menschenaffen wirklich sehr ähnlich und zeigen Verhaltensweisen, die wir anderen Wesen nicht zugetraut hätten. Zum anderen erscheint es nicht mehr so verstiegen, Wesen, die uns derart ähnlich sind, passive Grundrechte zuzugestehen. Das Recht auf Unversehrtheit und Selbstbestimmung, das Recht auf Freiheit, das Recht auf Heimat. Rechte, die ihnen unveräußerlich zukommen, und nicht, weil sie einem Menschen als Eigentum unterstellt sind.

Wenn dem aber so ist, hat das klare Folgen für das, was wir den nicht-menschlichen Menschenaffen schulden. Vielleicht sollte sich in Zukunft UNHCR, das Flüchtlingsprogramm der United Nations, um heimatvertriebene Menschenaffen kümmern? GRASP ist ein gemeinsames Programme von UNEP und UNESCO – ist es so abwegig, dass UNHCR sich beteiligt? Wie kann ein Artenschützer einerseits dafür eintreten, dass freie, wilde Menschenaffen ihre Freiheit, ihre natürliche Lebensweise und ihre körperliche Unversehrtheit in ihrer Heimat behalten, zugleich aber keine Mittel dafür hergeben wollen, dass Menschenaffen, denen diese Freiheit und Unversehrtheit bereits genommen wurde, sie wieder erhalten bzw. nach besten Kräften entschädigt werden? Meines Erachtens ist man hier in einem moralischen Zugzwang und muss nicht nur A – wie Affe – sagen, sondern auch B – wie: Betrifft mich.

Saragih möchte nicht nur den Sitzplatz mit seiner Mutter teilen, sondern auch das, was sie im Mund hat.

7

SIGNES OSTERÜBERRASCHUNG

Am Ostersonntag 2015 kurz nach zehn Uhr erhielt ich eine SMS: „Du bist Großmutter geworden!“ In der Waldschule, unweit vom Posten der Nachtwache, fand ich mein Patenkind Signe am Boden sitzend, ein Neugeborenes in den Armen. Sie hatte mit Blättern eine Art Sitzfläche ausgelegt und blickte uns mit klaren, wenn auch müden Augen an. Vom Neugeborenen sah man nur ein Stück vom Köpfchen unter Signes Armbeuge hervorlugen. Die Haut dunkel glänzend unter dem noch schütteren, braunen Haar. Mir fiel ein Stein vom Herzen – alles sah bestens aus.

Was hatte ich befürchtet? Teils war das wohl einfach die übliche Nervosität, wie in jeder Familie, die ein Baby erwartet. Aber in diesem Fall gab es doch einige Risikofaktoren. Als Waise gehört Signe einer Risikogruppe an: Oft wissen solche Mütter nicht, wie man richtig für ein Baby sorgt, sie könnten es vernachlässigen oder sogar zurückweisen und verlassen.

Signe war Ende Januar 2009 an eine Bärenauffangstation übergeben worden, weil sie ihrer Menschenfamilie zu unartig und wild war. Dort nahm man sie sofort auf, denn an ihrem Rücken waren Zigarettenbrandlöcher zu sehen. In Samboja Lestari wurde sie bei ihrer Ankunft am 1. Februar zunächst „erkennungsdienstlich“ behandelt, auf Krankheiten untersucht und aufgepäppelt. Sie wurde auf etwa drei Jahre geschätzt. Nach kurzer Zeit kam sie in die Waldschule. Ich erinnere mich, wie sie abseits versteckt unter den Büschen saß und uns beobachtete. Doch schnell zeigte sie gute Waldfähigkeiten und Eigenständigkeit. Sie hat sich nie eng an Menschen angeschlossen, war dennoch imstande, wieder Vertrauen zu schöpfen, und hat sich eigentlich immer ganz unproblematisch verhalten. Als sie schwanger wurde, war sie eine unserer vielversprechendsten Auswilderungskandidatinnen.

In der Waldhochschule hatte Signe immer den Ton angegeben, war vorausgezogen und hatte als Erste Nahrungsquellen gefunden. Vor allem der nur zwei Jahre jüngere Justin hatte sich ihr angeschlossen und viel von ihr gelernt, während sie sich fast wie eine Mutter ihm gegenüber verhielt. Im August, so erzählten die Tierpfleger amüsiert, hatte Signe eine Liebschaft mit Hanung. Zum Herbst hin sah man Signe dann wieder in alter Form: bei den anderen und immer vorne mit dabei beim Nahrungfinden. Danach schien sie sich nur noch fürs Essen zu interessieren. Die Dürre wurde extrem. Signe hörte auf zu spielen, sparte Energie und saß herum oder suchte Nahrung. Als die Regenfälle wieder begannen und die Blüten kamen, ging sie oft eigene Wege und hatte schon einen dicken Bauch. Dann begann die Phase, in der sie sich meistens mit den kleinen Orang-Utans abgab und sie die Waldschule mit den Kleinkindern zu ihrem Zuhause machte.

Signe ist eine sehr junge Mutter, eine „Teeny-Mutter" – nur neun Jahre alt, obwohl freie Orang-Utans erst mit etwa 14 Jahren das erste Kind bekommen. Erstgebärende sind sowieso schon einem größeren Risiko ausgesetzt als erfahrene Mütter. Signe aber musste ja erst einmal selber erwachsen werden. Es war keine geplante Schwangerschaft, nun ist sie die erste Orang-Utan-Mutter geworden, die ihr Kind in der Waldschule zur Welt bringt und aufzieht. Ihre Auswilderung wurde erst einmal aufgeschoben, weil wir ihr und dem Baby nicht auch noch die Schwierigkeit aufbürden wollten, zugleich mit der Freiheit auch Mutterschaft lernen zu müssen.

Auf die Frage, ob Signe eine Mutter sein wird, meinten die Tierpflegerinnen, es könnte Probleme geben, denn sie verhielte sich in letzter Zeit kindisch – spielte immerzu mit den kleinen Orang-Utans, nicht mütterlich, sondern wie eine von ihnen. Warum hielt sich Signe in der Waldschule mit den Orang-Utan-Kleinkindern auf, wo sie sich doch von Anfang an als einer unserer waldkundigen Orang-Utans erwiesen hatte?

Als ich aber Signe und ihr Neugeborenes sah, waren diese Sorgen wie weggeblasen! Sie war offenkundig sehr schlapp. Am

Vorabend hatte sie ein Nest ganz in der Nähe der Nachtwache bezogen. Sie war erst um zehn Uhr morgens aufgestanden und als ich eine Stunde später das Baby zum ersten Mal sah, war es bereits trocken und ganz sauber. Es war ein wunderschönes Baby. Ganz objektiv! Ein schmales Köpfchen, Signes dunkle Haut und Haare, ingwerrote Haare. Die Augen klar und gesund, die Lider heller als das restliche Gesicht. Alle zehn Fingerchen waren vorhanden und klammerten sich kompetent ans mütterliche Haar.

Wir setzten uns etwas entfernt hinter einige Farne und sahen ihr zu. Regen zog auf. Ich wies einen Tierpfleger an, große Blätter zu bringen, nass werden sollten die beiden nicht. Signe ignorierte die in Reichweite hingelegten Zweige zunächst, aber als die ersten Tropfen fielen, schnappte sie sich eilig einige und legte sie einfach über sich. Dann sank sie zur Seite und schob die Zweige noch etwas unwirsch hin und her. Unter dem Blätterdach lagen die beiden ganz gemütlich, das Baby an ihrem Bauch, zwischen ihren Armen. Beschützt und gewärmt. Signe hielt sich einen kleinen Ausguck offen und war genervt von den vielen Mücken. Immer wieder fielen ihr die Augen zu, aber sie schlummerte nicht ein, sondern blieb wachsam. Ich glaube, es war ihr ganz recht, dass ich da bei ihr saß und Wache hielt. Da war sie, unsere Osterüberraschung: adäquat in einem Osternest.

Gegen zwei Uhr nachmittags schleppte sie sich zu einem kleinen Bäumchen, das Baby mit einer Hand stützend. In Zeitlupe kletterte sie zur ersten Astgabel in eineinhalb Metern Höhe. Offensichtlich besorgt, wie sie mit dem Baby klettern sollte, während sie es stützte. Das gefiel mir, es deutete darauf hin, dass sie das Baby als fürsorgebedürftig wahrnahm und nicht wie ein Spielzeug – was bei Waisen durchaus vorkommen kann.

An diesem Ostersonntag gingen mir viele Fragen durch den Kopf. Im Laufe der Zeit hat Signe bewiesen, dass sie all diesen Herausforderungen gewachsen war. Zunächst spielte sich das Stillen ein, Signes eigene Nahrungssuche und das Babytragen. Sie hat niemals Ungeduld gezeigt oder überfordert gewirkt. Zunächst hielt sie sich längere Zeit abseits von den anderen Orang-Utans. Nach einiger Zeit besuchte sie ab und zu die Kleinkinder und Babysitter in der Waldschule, entzog sich aber der Neugier der älteren Waldschüler.

Dass Signe meinen Namen bekommen hat, habe ich immer als eine Ehre empfunden. Nun brauchten wir einen Namen für mein „Enkelkind". Ich schlug „Saragih" vor – zu Ehren von Bungaran Saragih, dem Vorstandsvorsitzenden von BOSF, der mir ein Mentor gewesen ist. Als Wirtschaftsminister hat Bungaran Palmöl als *cash crop* etabliert. Mit seiner Arbeit für BOSF möchte er nun die Notbremse ziehen und propagiert heute nachhaltige Wirtschaftsentwicklung. Auch wenn ihn seine früheren Kollegen dafür belächeln.

So lebten Signe und Saragih in der Waldschule, meist für sich, aber vormittags gern bei den Kleinkindern, mit denen Signe weiterhin gern spielte. Das Foto auf dem Cover zeigt Signe auf meinem Rücken. Es entstand, als sie von den Kinderschlafkäfigen morgens aufbrechen wollte, um den anderen in den Wald zu folgen. Wie ich so am Treppengeländer lehnte und sie an einem Käfig hing, sah sie mich plötzlich an und der Schalk schien aus ihren Augen zu sprühen. Was hatte sie vor? Mir war nicht ganz wohl dabei, denn Affen-Schabernack kann recht derb sein. Schon hatte sich schlangengleich ein langer Arm um meine Schultern gewunden und mich in Position geschoben. Sie glitt auf meinen Rücken, um sich tragen zu lassen, Saragih angeklammert an ihrer Seite. Da fiel der Groschen bei mir! Sie hatte sich an alte Zeiten erinnert, als sie klein war und ich sie morgens in die Waldschule trug. Also schleppte ich ein Drei-Generationen-Huckepack einige Schritte in den Wald, offerierte ihr einen bequemen Aufstiegsstamm, auch wie in alten Zeiten, und sie kletterte brav hinauf. Saragih immer an sie angeklammert.

Trotz solcher Vertraulichkeiten ist Signe weitgehend unabhängig von uns. Sie scheint uns einfach als normalen Teil ihrer Umwelt und ihres sozialen Netzes zu sehen. Wenn sie erst einen echten Urwald hat, dann, vermute ich, wird sie sich schnell zurechtfinden und richtig wild werden: unabhängig, ökologisch und sozial kompetent. Inzwischen sind Signe und Saragih von BOSF ausgewildert worden und haben die ersten zwei Monate im Wald und mit fremden Menschen schon überstanden.

—

GEFÄHRLICHE NÄHE

Auf der falschen Seite vom Zaun

Am 31. August 2015 nachmittags wurde in einem deutschen Zoo ein Orang-Utan-Mann erschossen. Eine erschütternde Nachricht, denn moderne Zoos sehen sich als Einrichtungen, die zum Artenschutz aktiv beitragen. Es gibt eine gesellschaftspolitische Kontroverse darüber, ob Menschenaffen in Zoos gehalten werden sollten oder nicht. Aus der Sicht von Tierrechtlern ist es schlicht Freiheitsberaubung. Die Zoos argumentieren, dass sie durch die Ausstellung von bedrohten Tierarten, denen man bei uns sonst nie begegnen könnte, diese zu Botschaftern ihrer freien Artgenossen machen und so die emotionale Verbundenheit z.B. einer deutschen Rentnerin oder eines Schuljungen mit einem Menschenaffen erst ermöglichen. Tierrechtler halten dem entgegen, man könne über bedrohte Tierarten viel mehr aus Dokumentarfilmen erfahren und der Respekt der Zuschauer vor den Wildtieren würde dadurch gefördert. Das erkennen die Zooleute auch an und versuchen, diesem Sachverhalt in der modernen Zoo-Architektur Rechnung zu tragen. Die wichtigste Rechtfertigung, die die Zoos für die „Freiheitsberaubung" vorbringen, ist der Arche-Noah-Gedanke. Für die meisten bedrohten Tierarten gibt es *Erhaltungszucht-Programme*. Hierbei arbeiten in einem Netzwerk miteinander verbundene Zoos zusammen, um eine Tierart durch gezielte Nachzucht in Menschenobhut unverfälscht, das heißt nicht domestiziert, hybridisiert oder ingezüchtet, zu erhalten. Wenn dann einmal in den Heimatländern dieser Tiere Platz entsteht und die Möglichkeit sie zu schützen, sollen diese nachgezüchteten Tiere ausgewildert werden. Wenn also ein Zoo einen vom Aussterben bedrohten Menschenaffen umbringt, muss man schon nachfragen: Wie konnte es dazu kommen?

Soweit ich aus Medienberichten nachvollziehen konnte, war Folgendes passiert: Jemand hatte vergessen, einige Schieber zu sichern. Bevor der Arbeitstag endete, öffneten zwei Orang-Utan-

Männer diese Schieber. Dadurch begegneten sie einander und prügelten sich. Solche Kämpfe können böse ausgehen und zu ernsten Verletzungen führen. Vermutlich in großer Angst vor seinem Feind flüchtete der Verlierer durch ein Oberlicht. Sicherheitspersonal wurde auf ihn aufmerksam. Er flüchtete weiter. Natürlich war er voller Adrenalin, Angst, vielleicht auch Schmerzen und Wut. Bei extrem aufgeregten Tieren wirken Narkosemittel nicht. Wildtierärzte kennen und fürchten dieses Phänomen, weil man so ein Tier aus Versehen töten kann, wenn man einfach die Dosis steigert. Das in die Enge getriebene Wesen wird aber immer gefährlicher. Daher entschieden die Verantwortlichen, dass der entflohene Orang-Utan nicht mit dem Narkosegewehr geschossen und eingefangen werden könne. Nieas – so sein Name – wurde erschossen, als er den Zoo über den umschließenden Zaun verließ. Er hatte nichts getan.

Ich bin mir sicher, dass die Zooleute, vor allem die Person, die die Schieber vergessen hat, bis heute nicht darüber hinweg sind und ihr Versehen bitterlich bereuen. Wer ist bereit, den ersten Stein zu werfen?

Für jemanden wie mich, der ständig mit freien Orang-Utans in Kontakt kommt, ist diese Geschichte besonders herzzerreißend, denn wir pflegen ja täglich zaunfreien Umgang mit Orang-Utans. Auch das ist beileibe nicht immer problemfrei, dennoch ist die Vorstellung, für einen Fehler – vorbeugend! – mit dem Leben bezahlen zu müssen, schlicht abwegig.

Affen in der Waldschule

Der Grundgedanke einer Waldschule ist, dass die Orang-Utan-Waisen nicht in einer menschengeprägten Umgebung aufwachsen, sondern im Wald. Dort sollen sie sich herumtreiben und sich miteinander, vor allem aber mit dem Wald beschäftigen; nicht mit Menschen oder mit Menschendingen. Dennoch gibt es in der Waldschule Käfige, in denen die Kleinkinder die Nacht in Sicherheitsverwahrung verbringen, geschützt vor Pythons, streunenden Hunden und Wildschweinen. Weil man sie aber auch vor bösen

Menschen schützen muss, braucht man auch noch einen Posten, wo eine Nachtwache bleiben kann. Morgens bekommen sie, noch im Käfig, eine kleine Mahlzeit und Milch, nicht zu viel, damit sie hungrig in den Wald gehen und sich für Waldnahrung interessieren. Abends sollen sie reichlicher zu essen bekommen, weil ihre Fähigkeiten noch nicht voll entfaltet sind und der Wald der Waldschule auch nicht immer genug zu essen bietet. In den Schlafkäfigen erhalten sie frische Zweige, damit sie sich rudimentäre Schlafnester bauen können und sich daran gewöhnen, dass ein Orang-Utan auf Blättern und Zweigen schläft.

Kinder im Alter von drei bis sechs Jahren haben allmählich mehr Freiheiten, die älteren dürfen 24 Stunden im Wald sein, bauen Schlafnester, wo sie wollen, und finden sich, wenn sie wollen, zum Essen morgens und abends auf Zuruf ein. Diese Kinder sind noch unsicher und stärker an menschliche Betreuer gebunden. Sie bleiben daher in der Nähe. Auch hier gibt es für Notfälle und gegen potenzielle Orang-Utan-Entführer eine Nachtwache mit einem entsprechenden Posten. Auch hier gibt es einfache Käfige. Tagsüber sind Betreuer mit den Orang-Utans im Wald und passen auf, dass diese sich nicht in Schwierigkeiten bringen.

Menschen in der Waldschule

Im Grunde hat kein Mensch in der Waldschule etwas zu suchen, der dort nicht als Tierpfleger – Ersatzmutter oder Orang-Utan-Hüter – arbeitet. Mit der Pflege für die kleinen Orang-Utans sind vorwiegend junge Frauen betraut. Für die älteren, so ab dem fünften Lebensjahr, sind zumeist junge Männer zuständig. Das hat mit Körperkraft, Durchsetzungswillen und Geduld zu tun. Die meisten der indonesischen Tierpfleger werden aus der ansässigen Bevölkerung rekrutiert und haben nur minimale Schulbildung. Durch Versuch und Irrtum bemüht man sich, diejenigen auszusortieren, die wirklich gern im Wald arbeiten, und vor allem solche, die ein „Tiergefühl" haben. Das ist ein sehr kleiner Prozentsatz. Der Ausbildung im Projekt kommt eine überragende Rolle zu, sie ist aber bislang nur rein praktisch orientiert und beinhaltet keinerlei Theorie, d.h. biologisches, tierpsychologisches oder veterinärmedizinisches Hintergrundwissen. Wir geben somit traumatisierte Waisen in die Hände von jungen Menschen, die selber vor allem ihre eigene Erziehung als Maßstab nehmen müssen für den Umgang mit unselbstständigen Menschenaffenkindern. Vorteilhaft kann sich auswirken, wenn Mitarbeiter bereits Erfahrung mit Auswilderungen und vor allem mit PRM haben. Ansonsten ist es schwer für Tierpfleger, eine klare Vorstellung zu entwickeln, wie sie die Waisen auf ein Leben in Freiheit vorbereiten könnten.

Lachend wird oft zwischen „dummen" und „guten" Orang-Utans unterschieden. „Dumm" sind die, die sich abhängig verhalten und kaum Waldkompetenz an den Tag legen. „Gut" sind die, die die Tierpfleger wenig zu Gesicht bekommen. Diese Etiketten verdienen sich die Orang-Utans schnell, denn es ist ihre Vorgeschichte, die sie bereits geprägt und auf eine bestimmte Bahn gesetzt hat. Den Tierpflegern ist schon klar, dass sie hier etwas verändern können, aber das Verhalten diverser Tierpfleger sowie auch ein und derselben Person zu verschiedenen Zeitpunkten ist oft inkonsequent und wird kaum supervidiert. Ein „dummer" Orang-Utan oder anhängliches Verhalten wird als „verwöhnt" interpretiert und mit Zurückweisung bzw. Aufmerksamkeitsentzug beantwortet. „Gute" Orang-Utans werden zumeist sich selbst überlassen. Eine Faustregel besagt: Von guten Orang-Utans gibt es kaum Fotos – weil sie zu hoch in den Bäumen sind – und keine Anekdoten – weil sie sich nicht bei Menschen aufhalten und mit ihnen interagieren. Gute Orang-Utans sind langweilig, bieten wenig Unterhaltungswert.

Vermenschlicht – Entmenschlicht

Es gibt eine ganze Reihe von wiederkehrenden Konflikten zwischen Orang-Utan-Waisen und Tierpflegern in der Waldschule und ein Standardrepertoire an Faustregeln, die die Leiter von Rehabilitierungsprogrammen ihren Tierpflegern einschärfen. Die Gefahr, dass Orang-Utan-Waisen „vermenschlicht" sein könnten, schwebt beständig als Damoklesschwert über der Arbeit. Doch was bedeutet „vermenschlicht“ überhaupt? Gleich im ersten Kapitel über unsere „Rothaarigen Vettern“ war die Rede von stammesgeschichtlichen Ähnlichkeiten. Am Beispiel der Evolution von Lachen und Lächeln habe ich erklärt, dass Gleiches auch bei nahe verwandten Tierarten nicht unbedingt in allen Details dasselbe ist. Im Kapitel „Über Waisen und andere Kinder“ habe ich Gemeinsamkeiten und Unterschiede im Fortpflanzungssystem von Menschen und anderen Menschenaffen dargestellt. Hier, mit den Begriffen „vermenschlicht“ oder auch „enkulturiert“ (d.h. in menschliche Verhaltensweisen hineinerzogen), befinden wir uns wieder an solch einer Stelle, wo echt Gemeinsames und nur Ähnliches einen regelrechten Filz bilden.

Wir haben für unsere Menschenaffenwaisen zwei Lernziele, die aus miteinander verwobenen Prozessen erwachsen. Zum einen sollen sie die technischen Überlebensfertigkeiten beherrschen, also wissen, was in bestimmten Situationen zu tun und zu lassen ist. Zum anderen sollen sie sozial kompetent sein: sich angemessen gegenüber Artgenossen verhalten und nicht anhänglich auf Menschen fixiert sein. Beide Lernziele können nur erreicht werden, wenn die Affenkinder zugleich lernen, emotional ausgeglichen und selbstgenügsam zu werden. Dass das auch eine erworbene Kompetenz ist, wird allzu oft übersehen. Soziale Kompetenz erfordert beides, geschickte emotionale Selbstregulation ebenso wie die Kenntnis von Verhaltensweisen und Taktiken, die für bestimmte Situationen geeignet sind. Ökologische Kompetenz ergibt sich gleichfalls aus zwei Fähigkeiten, einerseits dem Know-how, z.B. seine Nahrungsquellen zu kennen und die technischen Fertigkeiten zu beherrschen, diese zu erschließen. Andererseits aus Selbstvertrauen, guten Nerven in Krisensituationen und dem Wissen, was die eigenen Kompetenzen überschreitet. Was nützt das beste ökologisch-technische Wissen, wenn der Affe zu emotional abhängig ist, um sich allein auf den Weg zu machen? Oder zu unausgeglichen ist, um sich mit anderen zu vertragen. Oder sich Hals über Kopf in vermeidbare Gefahren stürzt.

Im Laufe der Zeit bin ich zu der Überzeugung gelangt, dass in der Praxis der Rehabilitierung von Menschenaffenwaisen die psychologischen Prozesse, die zu einer gesunden Entwicklung während der Kindheit führen, nicht ausreichend berücksichtigt oder auch nur verstanden werden. Es scheint die Überzeugung vorzuherrschen, dass wir zwangsläufig die Waisen vermenschlichen, wenn wir emotionale Nähe zulassen. Die Verweigerung dieser Nähe führt aber zu einer unmenschlichen Kälte, und wenn ich Sri und andere ihresgleichen richtig verstehe, handelt es sich um eine „Unmenschenaffenlichkeit", die sie psychisch tief verletzt. Aus Fehlern bei der Aufzucht von Menschenaffenkindern in Gefangenschaft, in Zoos und Forschungslabors wurden wichtige Erkenntnisse gewonnen. Wie man es besser macht, kann man aus dem evolutionär gewachsenen „Erziehungsstil" von Menschenaffenmüttern ableiten. Während der Rehabilitierung ergeben sich viele Konflikte zwischen Betreuern und Orang-Utan-Waisen, durch die unsere Waisen auf die schiefe Bahn geraten können, sodass sie nach ihrer Auswilderung akut durch Menschen gefährdet sein werden. Viele dieser Konflikte sind durch eine Rückbesinnung auf evolutionär angelegte Verhaltenstendenzen vermeidbar.

Lehren aus der Aufzucht von Menschenaffenwaisen in Gefangenschaft

Zoos und auch Forschungslabors haben eine Menge Erfahrung mit der Aufzucht von Menschenaffenwaisen. Bis zur Ratifizierung des CITES-Abkommens importierten sie *Wildfänge,* die im Prozess des Einfangens zu Waisen gemacht worden waren. Diese Waisen wurden die Gründer der heutigen „Expatriate"-Populationen. Ein zunehmender Bedarf an „Nachzuchten" veranlasste Halter, die Fortpflanzungsrate der Menschenaffenweibchen künstlich zu steigern. Durch Trennung von Mutter und Kind kurz nach der Geburt kann man die durch das Stillen bedingte natürliche Sterilität der Mutter verhindern. Sie wird schneller wieder empfängnisbereit, der Geburtenabstand verringert sich, auf diese Weise kann ihr reproduktiver „output" vervielfacht werden.

Der Nachweis, dass Rhesusaffenbabys durch Mutter-Entzug schwerwiegende Schäden zugefügt werden können, inspirierte auch Untersuchungen über das Verhalten mutterlos aufwachsender Schimpansen. Sie wiesen ebenfalls teils tiefgreifende Schädigungen auf. Das begann mit Selbstschaukeln und -umarmen, reichte über soziale Inkompetenz und endete mit selbstschädigendem, teils regelrecht psychotischem Verhalten. Ganz ähnliche Krankheitsbilder beschrieb René Spitz bereits 1945 für hospitalisierte Menschenkinder. Übrigens kann man diese Schäden auch auf vielen bildlichen Darstellungen von Menschenaffen erkennen, die das Unglück hatten, nach Europa verschifft zu werden – vor allem den realistischeren aus dem 19. Jahrhundert. In extremen Fällen bestanden die sozialen Defizite aus der Unfähigkeit zur Paarung und der Unfähigkeit, das eigene Baby zu stillen und zu versorgen. Inzwischen weiß man, dass es bei Menschenaffen eine sensible Phase für Bindungserfahrungen gibt. Während sich die Mutter-Prägung bei Entenküken in einem Zeitfenster von fünf bis 24 Stunden nach dem Schlüpfen vollzieht, handelt es sich bei Menschenaffen um Jahre. Dabei sind die ersten beiden Lebensjahre besonders wichtig. Innerhalb dieses Zeitfensters finden Entwicklungen statt, die später nahezu unumkehrbar sind und bei Menschenaffen offensichtlich viel mit der Hirnentwicklung zu tun haben.

Wie bei Rhesusaffen auch, konnten grobe Schäden durch *peer-rearing*, also die Aufzucht mit gleichaltrigen, ebenfalls verwaisten Artgenossen, verhindert werden. Auch „Fehlprägung" auf menschliche Ersatzeltern sollte so vermieden werden, diese Schimpansen waren, wenn überhaupt, nur schwer in soziale Gruppen integrierbar. Diese „Fehlprägung" erwies sich als Lerndefizit, weswegen heute Menschenaffenwaisen so früh als möglich auch in Sichtkontakt zu erwachsenen Artgenossen gehalten werden. So können sie deren Interaktionen beobachten und sich etwas abschauen. Dieses Beobachtungslernen ist jedoch keine Garantie für die Entwicklung einer normalen sozialen Kompetenz von Menschenaffenwaisen.

Trotz dieser Erfahrungen wird in Rehabilitierungsprojekten die Sozialisierung in Kindergruppen überschätzt. Es wird außer Acht gelassen, dass gleichaltrige Kinder nicht imstande sind, einander die Mutter zu ersetzen – weder emotional noch kognitiv. Manche Kinder schließen sich in Spielgruppen von Gleichaltrigen zusammen, die sich allesamt nicht mit dem Wald beschäftigen. Sie verbringen Monate mit Spielen. Das ist schließlich die natürliche Beschäftigung von gleichaltrigen Kindern. Weil sie nicht, wie ein normales Kind, mit ihrer Mutter auf Nahrungssuche mitziehen, verpassen sie ihre Chancen, den Wald zu erkunden und dabei zu lernen. Eifersucht wird nicht als Ausdruck eines evolutionär vorprogrammierten Bedürfnisses verstanden, Hauptperson im Leben einer Mutter zu sein. Das Sozialverhalten mit erwachsenen Artgenossen kann in Kindergruppen, zumal in Waldschulen, nicht eingeübt und auch nicht beobachtet werden. Gelegenheiten in einem geschützten Raum, als von einer Mutter beschütztes Kleinkind, Alters- und geschlechtsrollenspezifisches Verhalten latent zu lernen und allmählich einzuüben, bestehen nicht.

Eine weitere Verbesserung bei der Aufzucht von Schimpansen- und anderen Menschenaffenwaisen in westlicher Haltung wurde von Kim Bard mit der sogenannten *responsive care* eingeführt. Hiermit ist gemeint, dass die Pfleger für Signale und Verständigungsversuche der Babys zugänglich sind und in angemessener Weise auf sie eingehen. Selbstvertrauen und Problemlösefähigkeit entwickeln sich nur dann, wenn ein Menschenaffenkind lernt, dass es seine Umwelt aktiv selbst gestalten kann und nicht passiv einstürmenden Reizen ausgeliefert ist.

Mit dem Einführen von menschlichen Ersatzmüttern ergibt sich jedoch sogleich die Gefahr des „Vermenschlicht"-Werdens. Was an der Vertrautheit mit einer menschlichen Fürsorge-Person aber bewirkt eine übermäßige, ja geradezu ungesunde Fixierung auf Menschen als Sozialpartner? Es ist verführerisch, hier eine Parallele zur Prägung zu sehen, dennoch haben wir es wahrscheinlich mit mehreren, ineinander verschränkten psychischen Mechanismen zu tun, die auf unterschiedlichen physiologischen und neuronalen Prozessen beruhen. Die sinnliche Vertrautheit mit dem Körper der Mutter spielt eine in der Tat prägende Rolle. Bei Menschenkindern scheint dieser Prozess mit dem Auftreten des Fremdelns im achten Lebensmonat jedoch abgeschlossen zu sein. In den restlichen ca. 16 Monaten der vulnerablen Phase wird auf diese Vertrautheit und den daraus resultierenden Trost, den so nur der primäre Bindungspartner spenden kann, aufgebaut. Eine gute Mutter spielt bei der Stressregulation eine fundamentale Bedeutung, denn sie kann ihr Kind vor das Kind überwältigenden Herausforderungen schützen, indem sie Geborgenheit und Trost bietet. Aus diesem Schutz heraus kann sich das Kind mit der schwierigen Situation konfrontieren und so allmählich die Grenzen des Unerträglichen immer weiter hinausschieben. Dies ist, was zugängliche, auf das Kind eingehende Fürsorge einer institutionalisierten Fürsorge voraushat, und warum sich responsive Fürsorge selbst im Rahmen einer Labor-Kinderstube für Menschenaffen vorteilhaft auf Problemlösen und soziale Abstimmung auswirkt. Auf der Grundlage der Vertrautheit mit der Mutter entwickeln sich Anregungssollwerte – das sind Informationen, die angeben, ob man gelangweilt ist und mehr Anregung braucht oder ob bereits das Limit erreicht ist und man schleunigst nach Geborgenheit bei einem Bindungspartner suchen sollte. Babys und Kinder, die in einer reichhaltigen komplexen Umwelt aufwachsen, entwickeln hohe Sollwerte für Anregung und sind entsprechend toleranter gegenüber Herausforderungen. Dies spiegelt sich wider in ihrer Stressphysiologie und kann jahrzehntelang nachwirken, wie wir bei der Rehabilitierung von langzeitdeprivierten Schimpansen beobachtet haben.

Der Umgang mit Neuem – ob man es begrüßt oder fürchtet – bestimmt dann in der weiteren Entwicklung, wie gut ein Menschenaffenkind lernt. Es ist bekannt, dass Menschenkinder mit Bindungsproblemen wenig frustrationstolerant sind und daher häufig

Lernschwierigkeiten entwickeln. Zudem neigen sie dazu, sich in Autonomiekonflikte mit Lehrern zu verstricken. Der auf Disziplin achtende Lehrer erinnert wahrscheinlich in fataler Weise an die gescheiterten Versuche des Kindes, im primären Bindungspartner jemanden zu finden, der hilft, Gefühle zu modulieren und mit überfordernden Situationen gemeinsam fertigzuwerden.

Ähnlich dürfte es ablaufen, wenn wir heranwachsende Orang-Utans in der gefährlichen menschengemachten Umwelt vor den Folgen ihrer an und für sich gesunden Autonomiebestrebungen zu schützen versuchen. Falls es sich aber dabei um eine bindungsgestörte Orang-Utan-Waise handelt, besteht eine sehr große Wahrscheinlichkeit, dass dieser Orang-Utan auf die schiefe Bahn gerät und sich immer wieder in immer eskaliertere Konflikte mit Menschen verstrickt. Aus diversen Einzelfällen und Anekdoten schließe ich, dass eine derartige „Karriere“ oft mit einem bestimmten Menschen beginnt, aber dass so ein Orang-Utan dann sehr schnell verallgemeinert und in kurzer Zeit für praktisch jeden Menschen gefährlich werden kann (siehe Diagram S. 209).

Aus dem Bestreben, mit einem Partner eigene Affekte zu modulieren und Furcht zu reduzieren, wird verständlich, warum manche Menschenaffen kurz nach ihrer Auswilderung gern mit ihren Freunden zusammenbleiben oder auch häufiger als zuvor Kontakt mit menschlichen Betreuern suchen. Sie streben danach, die für sie gesunde Balance zwischen Neuem – einem grenzenlosen unbekannten Urwald – und Vertrautem – einem Individuum mit Heimcharakter – wiederherzustellen. Wünschenswert wäre es vor allem, wenn die von Menschen aufgezogenen Orang-Utans zwischen vertrauten und fremden Menschen unterscheiden würden. Das kann man aber nur dann von ihnen erwarten, wenn sie zuvor nicht einer ständig wechselnden Schar von Fürsorgern ausgesetzt waren. Für ihre Sicherheit entscheidend wäre demnach, ihnen von Anfang an den Unterschied zwischen Vertrauenspersonen und Fremden beizubringen, sodass sie nicht Schutz und Unterhaltung suchend sich an wildfremde Menschen wenden, die sie nach der Auswilderung bei ihren Streifzügen treffen.

Affenpädagogik

Bei ihren Streifzügen im Wald können die Orang-Utans voneinander lernen, wie sich ein „richtiger" Orang-Utan verhält. Bis zu einem gewissen Grad können auch menschliche Betreuer als Lehrer auftreten, aber das ist schwierig, denn viele Tätigkeiten können die Betreuer nicht richtig ausführen, z.B. im Baum ein Nest bauen – sehr viele Kenntnisse fehlen ihnen einfach. Der gewichtigste Grund allerdings, warum Betreuer den Waisen nicht wirklich etwas beibringen können, liegt darin, dass Orang-Utans – Menschenaffen im Allgemeinen – einander nicht unterrichten. Das ist bemerkenswert, weil andere Formen der Wissensübermittlung durch Sozialpartner eine so große Rolle spielen. Der entscheidende Unterschied liegt meines Erachtens in der Initiative. Beim sozialen Lernen geht die Initiative vom Lernenden aus: Er möchte etwas vom anderen. Beim Lehren geht die Initiative vom Lehrer aus. Wie man Schüler motiviert zu lernen, ist allerdings auch in der Humanpädagogik eine Kernfrage.

Kummer im zwischenmenschlichen Bereich entsteht, wenn wir eine Vorstellung davon haben, wie der andere sein sollte oder was aus ihm werden könnte. Die Idee, dass man einen anderen, einen geliebten Sozialpartner – zu seinem eigenen Besten – schöpferisch gestalten könnte, ist vermutlich eine rein menschliche Vorstellung. Was unter Menschen schon schwierig ist, funktioniert mit Menschenaffen gar nicht. Versuche, einen Orang-Utan (oder Schimpansen) gegen seinen Willen zu beeinflussen, werden erst mit Trotz, dann mit Vertrauensentzug quittiert. Affen teilen sich eindeutig mit, wenn sie etwas nicht wollen. Unerwünschtes Verhalten wird barsch zurückgewiesen oder mit Ignorieren beantwortet.

Bei Menschenkindern gehen wir davon aus, dass sie ab einem bestimmten Alter ihre Aufmerksamkeit bewusst lenken können. Wer kennt die Situation nicht: Eine Mutter rüttelt ein

Kind eindringlich am Arm, das Kind schaut weg, sie beugt sich auf seine Augenhöhe herab und ermahnt es: „Pass auf! Wenn du nicht schaust, ob ein Auto kommt, wirst du angefahren!“ Solche Interaktionen habe ich zwischen Affenmüttern und ihren Kindern niemals beobachtet.

Die Beziehung zwischen einem Affenkind und seiner Mutter ist beinahe ausnahmslos harmonisch und konfliktfrei. Zuweilen gibt es Entwöhnungskonflikte, bei denen sich ein Kind in geradezu selbstzerstörerische Verzweiflungsanfälle hineinsteigern kann. Oft kommen andere Gruppenmitglieder und sorgen so für Ablenkung oder für ein rasches Einlenken der Mama, um Schaden von ihrem kleinen Wüterich abzuwenden. Diese Konflikte sind aber zeitlich sehr begrenzt und ich habe nie erlebt, dass sie sich zu wahrhaften Beziehungs- oder Erziehungskrisen auswachsen.

Bis zu einem gewissen Alter sieht man Affenmütter durchaus, wie sie ihr Kind am Knöchel festhalten, das Kind windet sich und will weg, wird aber eisern festgehalten, weil die Mutter eine Gefahrenquelle sieht und ihr Kind schützen möchte. Affen geben keine Instruktionen für die Zukunft. Tiermütter schaffen Gelegenheiten zum Lernen. Eine Katzenmutter bringt zunächst tote, dann halbtote und zuletzt lebende Beute zu ihren Jungen. Später lässt sie die Jungen von ihr aufgestöberte Beute jagen, auch auf die Gefahr hin, dass die Sache danebengeht und die Beute entkommt. Menschenaffen machen ihren Kindern vor, wie es geht. Sie sagen nicht: „Schau hin!“ Es besteht eine natürliche Tendenz der Kinder hinzuschauen, nachzuahmen, selber zu probieren.

Das sehen wir auch bei unseren Orang-Utan-Waisen. Sie scheinen so eine Art schwebender Aufmerksamkeit für „Interessantes“ zu haben. Wenn ein Waldschulkamerad sich plötzlich intensiv mit etwas beschäftigt, sind wie aus dem Nichts andere da, stecken die Köpfe zusammen, um genau zu sehen, was da los ist. Wissenschaftler nennen das „geteilte Aufmerksamkeit“, aber der englische Ausdruck ist eigentlich treffender: *joint attention*, also „gekoppelte Aufmerksamkeit“.

Bei Menschenaffen ist Aufmerksamkeit also keine reine Privatsache. Dinge in der Außenwelt, oder auch in der Innenwelt unseres eigenen Körpers, ziehen die Aufmerksamkeit an. Unsere eigene, zuweilen auch die anderer, ob uns das passt oder nicht. Aber die Aufmerksamkeit, die jemand auf etwas richtet, macht andere sofort neugierig. Dabei spielt die Qualität unserer Beziehung zu diesem anderen eine eminent wichtige Rolle. Wenn wir Menschenaffen rehabilitieren wollen, brauchen wir eine Menschenaffen-Pädagogik, die sich an evolutionär angelegten Bereitschaften orientiert. Lehren gehört nicht dazu, wohl aber das Ausnutzen sozialer Aufmerksamkeitsprozesse. Bei der Affenpädagogik liegt demnach die Initiative vorwiegend beim „Schüler". Versuche, einen Artgenossen zu einem bestimmten Verhalten anzuregen, sind eher selten und immer in der Gefahr, auf „sales resistance" zu stoßen. Durch diese unterschiedlichen Erziehungsstile sind Konflikte zwischen Menschen und ihren Menschenaffenzöglingen vorprogrammiert.

Wiederkehrende Konflikte in der Waldschule

Bindungskonflikte erwachsen schlicht aus der Orang-Utan-Kinderpsyche. Aufgrund ihrer Evolution erwarten Orang-Utan-Kinder, dass sie uneingeschränkten Zugang zu einer Mutter haben – und zwar während ihrer ersten fünf bis sieben Lebensjahre. In der Waldschule hingegen gibt es vielleicht für drei oder sogar mehr Kinder nur eine Babysitterin. Viele Babys konkurrieren miteinander um die Aufmerksamkeit der Betreuer. Diejenigen, die gerne mehr Aufmerksamkeit möchten, werden oft zurückgewiesen, weil sie nicht zu enge Bindungen eingehen und nicht vermenschlicht werden sollen. Viele Orang-Utan-Waisen verhalten sich zunehmend lästig, reißen an den Kleidern, versuchen Kopftücher und Haarspangen zu klauen, oder pirschen sich immer wieder an, um wüste Ring- und Beißkämpfe zu beginnen. Zurückweisungen beantworten sie zunehmend mit Aufsässigkeit. Die ersten Konflikte zwischen Betreuern und Waisen drehen sich häufig um Kontaktaufnehmen-Dürfen bzw. Kontaktabweisung. Und das ist nicht artgerecht.

Sris Problem ist nicht, dass sie nicht gehorcht oder aggressiv ist. Sri hat eine Bindungsstörung. Sie zeigt ein Verhalten, das Humanpsychologen als desorganisierten Bindungsstil bezeichnen: eine extreme Ambivalenz gegenüber dem Bindungsobjekt. Sie fühlt sich stark hingezogen, ist aber auch extrem frustriert in ihrem Bedürfnis nach Nähe und beständiger Verfügbarkeit des Bindungspartners. Wegen dieses emotionalen Durcheinanders hat sie keine Orang-Utan-Freunde und verhält sich gegenüber Menschen zwiespältig oder gar feindselig. Wenn wir über Vermenschlichen und Entmenschlichen sprechen, müssen wir das kleine Einmaleins der Bindungspsychologie berücksichtigen.

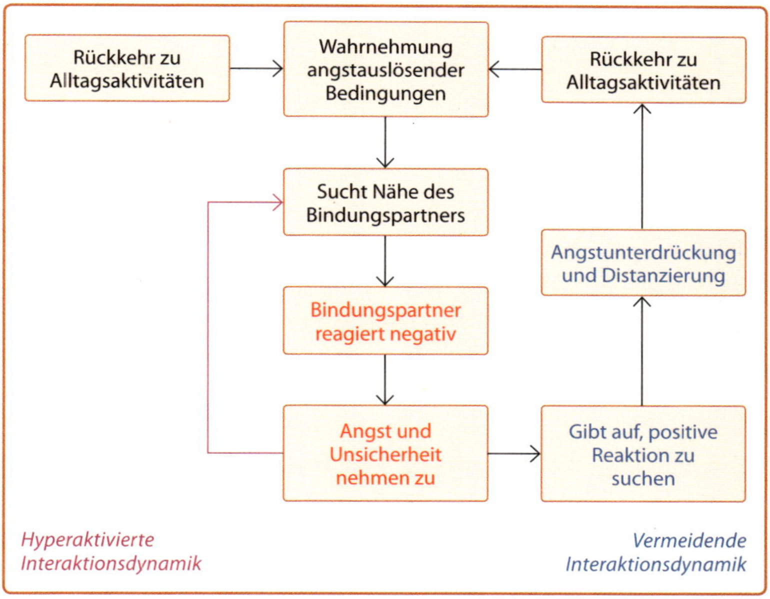

Wenn Kinder wiederholt negative Erfahrungen machen bei ihrem Versuch, mittels eines Bindungspartners Angst zu reduzieren, suchen sie andere Bewältigungsmöglichkeiten.

Blau: Bei der *vermeidenden* Interaktionsdynamik wirkt das Kind unabhängig, hat aber in Wirklichkeit nur aufgegeben, nach Unterstützung zu suchen, die Angst besteht fort.

Violett: Bei der *hyperaktivierten* Bindungsdynamik fällt das Kind durch exzessive Anhänglichkeit lästig, weil es niemals bekommt, was es braucht. Wenn die aufmerksamkeitsheischenden Verhaltensweisen provozierend oder aggressiv werden, wird die Bindungsdynamik ambivalent oder gar *desorganisiert*.

Durch die räumliche Nähe zum Posten der Nachtwache entstehen immer wieder Konflikte. Damit die Nachtwache tatsächlich mitbekommt, wenn etwas schiefläuft, sollte der Posten nicht allzu weit von den Schlafkäfigen entfernt liegen. Sobald die Orang-Utans aus den Schlafkäfigen heraus sind, dauert es nur kurze Zeit, bis sie auch einen versteckten Posten aufgestöbert haben. Den wollen sie dann natürlich genauer untersuchen. Hinzu kommt, dass die Tierpfleger im Wald – während der Schulzeit – nicht essen und trinken sollen, das würden die Orang-Utans nicht zulassen, ohne uns zum Teilen zu zwingen. Bei einer Arbeitszeit von acht Stunden ist das nicht ganz einfach. Die Versuchung, sich unweit der Waldschule, auch mit Kollegen, zum Essen und Trinken zusammenzusetzen, ist enorm. Fehler führen dazu, dass Orang-Utans herumzulungern und zu lauern beginnen, ob sie etwas vom Menschenessen oder von den Nahrungsvorräten für den Abend ergaunern können. Sie nehmen auch mit Kleidung und Handtüchern vorlieb. Wenn es nichts gibt, durchsuchen sie den Abfall, der auch nicht herumliegen sollte. Was bei den kleinen Orang-Utans noch lustige Streiche sind, wird bei den älteren schnell zur Unart und auch gefährlich. Es kommt zu Interessenkonflikten und bald auch zu physischen Konflikten zwischen den Orang-Utan-Waisen und ihren Betreuern.

Die Körperkräfte von Menschenaffen kann man nur schwer überschätzen. Ein kleiner Orang-Utan von vielleicht knapp zwei Jahren war während seiner Eingangsquarantäne ausgerissen. Es brauchte sage und schreibe drei Tierpfleger, um ihn niederzuringen und wieder einzusperren. Physische Konflikte können Menschen auch durch Kooperation nur für eine relativ kurze Zeit gewinnen, und danach haben die Orang-Utans gelernt, dass sie stärker sind. Sie wissen natürlich um unsere Kniffe – Überraschungsangriff, Betäubungsgewehr, Netz und Kooperation – und nehmen uns als Gegner schon ernst. Das Ganze wird zu einem Wettrüsten und das Vertrauen zwischen Pfleger und Waise geht verloren. Wir haben nun einen pubertierenden Orang-Utan, der sich nichts mehr sagen lässt, aber gelernt hat, dass Menschen mit Verschlagenheit und Geduld und auch manchmal mit roher Gewalt ausgetrickst werden können, trotzdem sie gefährlich sind. Mit diesem Wissen ist ein solcher Menschenaffe nun prädestiniert, seine Auswilderung nicht zu überleben, denn normale Indonesier schießen scharf, haben Hunde und benutzen Buschmesser gegen im Netz gefangene Orang-Utans. Unsere Waisen wissen nicht, dass wir immer noch nicht unsere volle Gemeinheit und Gefährlichkeit gezeigt haben. Oder vielleicht doch? Jedenfalls halten auch sie sich zurück und mehr als blaue Flecken und Quetschungen haben wir von ihren Bissen eigentlich nie.

Sicherheitskonflikte

In einem Rehabilitierungsprojekt ist das Verlassen der Waldschule oft ein Problem, denn diese Projekte sind heute meist „Inseln“ in einer von Menschen bereits total dominierten Umgebung. Das bedeutet, dass stromernde Orang-Utans früher oder später mit Anwohnern in Konflikt geraten. Gern dringen sie in Obstgärten ein und tun sich gütlich an Rambutan, Bananen und anderen Früchten. Manche lungern bei Häusern herum und warten auf eine Gelegenheit, etwas zu stehlen oder auseinanderzunehmen. Andere gehen einfach immer weiter und scheinen z.B. im Sinn zu haben, eine Kohlemine einfach zu durchwandern, auf der Suche nach Artgenossen und unbekanntem Wald. Wieder andere haben wir an Straßen aufgegriffen. Das sind natürlich äußerst gefährliche Situationen. Diese Orang-Utans müssen wir wieder einfangen und zurückbringen. Manche sind kooperativ, scheinen sich zu freuen, wieder heimgebracht zu werden. Andere sind alsbald wieder auf dem Weg. Manche wollen sich ums Verrecken nicht einfangen lassen, sie scheinen unsere Versuche, sie aus Gefahrzonen zu bergen, als Freiheitsberaubung anzusehen.

Konflikte mit Tierpflegern ergeben sich, wenn die Orang-Utans außerhalb des als Waldschule designierten Gebietes herumstromern. Das tun sie schon aus Neugier. Besonders für heranwachsende „Jünglinge“ sind Wanderjahre, in denen sie nichtsesshaft die Gegend durchstreifen, ein normales Entwicklungsstadium. Orang-Utan-Männer sind extrem mobil, das zeigen auch genetische Studien. Gensequenzen, die auf dem Y-Chromosom liegen und nur in der männlichen Linie vererbt werden, zeigen überhaupt kein räumliches Muster, egal ob der Orang-Utan-Mann in West-, Zentral- oder Ostkalimantan lebt: Die Burschen sind einfach überall herumgestrolcht und haben Kinder gezeugt.

Zuweilen verlassen Orang-Utans die Waldschule, weil dort keine Waldnahrung (mehr) vorhanden ist. Logischerweise ist die Orang-Utan-Dichte in einer Waldschule viel höher als die Regenerierbarkeit und Produktivität des Waldschul-Waldes (*Tragekapazität*) erlauben würde. Es ist also schlau von den Orang-Utans, loszuziehen und woanders nach Nahrung zu suchen. Der letzte Grund, die Waldschule zu verlassen, liegt in Konflikten mit anderen. Junge Mädchen versuchen sich den aufgezwungenen sexuellen Aufmerksamkeiten ihrer Mitschüler zu entziehen. Junge Männchen weichen der Konkurrenz mit stärkeren Rivalen aus, oder dem Konflikt mit den Tierpflegern. Wenn man Konflikte mit Wildtieren, zumal mit Menschenaffen, selten gewinnen kann, was bleibt dann? Prävention. Und Deeskalation. Man muss begreifen, weshalb es den Konflikt gibt. Danach kann man herausfinden, wie er vermieden werden kann.

Rehabilitierung im Einklang mit evolutionären Bereitschaften

Bei der Rehabilitierung von Menschenaffenwaisen haben wir – unerkannterweise – einen „Samson“ an unserer Seite: ihre evolutionär angelegten Verhaltens- und Entwicklungstendenzen.

Die Orang-Utans kommen zu uns mit evolutionär angelegten Tendenzen: Sie erwarten eine intime Mutterbindung, sind äußerst neugierig; sie kommen zur Welt mit einer Bereitschaft, ja der Notwendigkeit zu lernen, was immer sich in ihrer Umwelt zum Überleben eignet; vor allem von Sozialpartnern lernen sie mühelos. Orang-Utans schließen Freundschaften, knüpfen Netze von Sozialbeziehungen, die viele Jahre fortbestehen. Sie entwickeln sich langsam, sind über Jahre abhängige Kinder und werden nur allmählich zunehmend autonom und selbstgenügsam. Sie verfügen über eine angeborene Beharrlichkeit, einen starken Willen und misstrauen jedem, der sich ihrem Willen entgegenstellt, doch sie lernen auch Selbstbeherrschung. Körperlich sind sie ungeheuer stark, und sie verfügen über einen eingebauten Stoizismus gegenüber Unbilden. Es braucht unglaublich viel, um ihren Optimismus zu zerstören.

Mit diesen Kräften müssen wir uns bei der Rehabilitation verbünden.

Wir Menschen, die wir sie unterstützen wollen, tun gut daran, uns selber zu erkennen, um diese Kräfte, wie bei einer asiatischen Kampfkunst durch Mitgehen, für unseren Zweck einzusetzen. Die Einsätze sind hoch. Wenn wir gegen diese Kräfte arbeiten, z.B. die Bindungspsychologie ignorieren, werden wir scheitern, Samson wird uns zu Fall bringen: Trotz bester Absichten werden wir vielleicht vermenschlichte Zwischenwesen erzeugen, Menschenaffen, die sich spitzbübisch als Diebe und Wegelagerer aufführen, oder verwirrte unglückliche Kinder, gerettet, aber nicht geborgen, die mit der Zeit einen hilflosen Zorn entwickeln, der ihnen selbst lebensgefährlich wird.

Wenn wir sie dagegen in einer artgerechten Umwelt aufwachsen und leben lassen, mit strikt getrennten Lebensbereichen, wecken Menschendinge nicht ihr natürliches Interesse, und auch nicht ihre Begehrlichkeit: Viele Konflikte können vermieden werden.

Von Beginn an brauchen sie die Gesellschaft von Artgenossen. Als Pädagoge und Therapeut muss der Leiter eines Rehabilitierungsprogramms die Beziehungen der Affenkinder untereinander kennen. Durch geschickte Auswahl von artgenössischen Sozialpartnern kann man Lernmöglichkeiten – sogar Lerndruck – durch sozialen Zugzwang erzeugen, der eine gesunde Entwicklung begünstigt. Bei dieser Technik hält sich der Mensch gänzlich im Hintergrund, wie ein Puppenspieler. Wie leistungsfähig diese Vorgehensweise ist, haben wir bei der Resozialisierung von sozial deprivierten Laborschimpansen gesehen. Über mehrere Jahre hinweg haben diese erwachsenen Schimpansen Sozialverhalten eingeübt, Beziehungen geknüpft, bis sie am Ende in Gruppen miteinander leben konnten, und zwar in Gefangenschaft, ohne die Möglichkeit, räumliche Distanz zur Konfliktlösung zu nutzen.

Ob man jedoch auf menschliche Ersatzmütter ganz verzichten kann, bezweifle ich. Wenn nicht ein anderer Orang-Utan sich als Adoptionselternteil anbietet, vor allem bei Säuglingen unter zwei Jahren, müssen meines Erachtens Menschen als Bindungspartner einspringen. Diese müssen sich *ver-orang-utan-lichen* und in die Orang-Utan-Welt eintauchen. Selbstkritisch sollen sie ihre eigenen Bindungsbedürfnisse oder Kontaktwünsche beobachten: Die Initiative zur Kontaktaufnahme sollte in aller Regel beim Affenkind liegen. Minimalismus, Einfühlung und Zuverlässigkeit sind hier entscheidend.

Was sollen wir machen mit Orang-Utans, die sich als bereits tiefgreifend „vermenschlicht" erweisen? Nach meinem Dafürhalten ist es falsch, sie zu ihrem „Glück" zu zwingen. Fördern: ja – zwingen: nein. Orang-Utans, die nicht ausgewildert werden können, müssen ein gutes Zuhause in menschlicher Obhut bekommen. Ein Ideal moderner Gefangenschaftshaltung ist es, sie so artgerecht zu gestalten wie irgend möglich. Ich bin mir nicht sicher, ob man Menschenaffen mit gestörter Spezies-Identität damit wirklich einen Gefallen tut. Sollte man ihnen nicht lieber die Wahl lassen zwischen einem vermenschlichten und einem eher artgerechten Lebensstil? Auch in Gefangenschaft, in Sicherheitsverwahrung können wir die Wahlfreiheit und Autonomie unserer Vettern respektieren.

Am Ende wird die Frage, ob wir Menschenaffen ohne Zäune in Freiheit leben lassen, auf gesellschaftspolitischer Ebene, durch Wirtschaft und Politik, entschieden werden. Das heißt im Grunde:

durch unseren Egoismus oder unsere Fähigkeit zum Teilen und zum Verzicht.

In menschengeprägten Umwelten können Menschenaffen nicht leben, ohne gegen unsere Interessen zu verstoßen. Es kann nicht gutgehen, wenn die Lebensbereiche von Orang-Utans und Menschen überlappen oder gar verschränkt sind. So, wie die Welt heutzutage ist, mit den Menschen in einer Allmachtsposition, sind am Ende die Orang-Utans die Leidtragenden. Und das ist nicht akzeptabel. Daher müssen wir sie vor uns schützen. Wir müssen unsere Lebensbereiche getrennt halten. Das bedeutet, dass nur wenige Menschen je mit ihnen in Kontakt kommen. Deshalb empfinde ich meinen Beruf als ein Privileg. Den größten Liebesdienst, den ein Durchschnittsmensch seinen Menschenaffenverwandten leisten kann, ist, sie in Ruhe zu lassen und dafür zu sorgen, dass wir die Erde mit ihnen teilen. Wir sind – als Spezies – dazu imstande.

Menschen haben genügend Mitgefühl, um für Erdbebenopfer oder die Ausbildung benachteiligter Mädchen zu spenden, selbst wenn sie die Empfänger ihrer Großzügigkeit und Hilfe niemals persönlich kennenlernen. Die allermeisten Menschen, die mit ihren Spenden meine Arbeit erst möglich machen, sind genau so. Sie lieben auf selbstlose Weise, ohne Anspruch zu erheben auf einen persönlichen Kontakt mit Orang-Utans. Mit diesem Buch will ich ihnen eine Brücke bauen, ihr Verständnis für die Orang-Utans vertiefen, die Orang-Utans zu ihnen bringen. Mein Privileg, zaunlosen, intimen Umgang mit Orang-Utans zu pflegen, bei ihnen daheim aus- und einzugehen, in ihre Seelen zu blicken, will ich mit diesen Menschen teilen – ohne dabei die Orang-Utans auch nur einen Augenblick lang zu gefährden.

DANK

Dieses Buch wäre nie entstanden, wenn Matthias Schickhofer es nicht vorgeschlagen und den Weg geebnet hätte. Dafür und für die Kameradschaftlichkeit seiner Besuche bedanke ich mich herzlichst!

Ulli Steinwender hat als Lektorin gleichfalls unschätzbar zum Entstehen dieses Buches beigetragen.

Ein ganz besonderes Dankeschön gilt der internationalen Stiftung für Tierschutz Vier Pfoten, die auch mein Arbeitgeber ist. Vor zehn Jahren reagierte Vier-Pfoten-Gründer und CEO Helmut Dungler auf den Hilferuf von Willie Smits, dessen Organisation BOS Foundation angesichts einer Überzahl von heimatvertriebenen und an Leib und Seele verletzten Orang-Utans in Turbulenzen geraten war. Mehr Menschlichkeit für Tiere ist das Vier-Pfoten-Motto. So sind wir neun Jahre lang mit den Orang-Utans und dem für sie zuständigen Personal durch dick und dünn gegangen und haben uns beharrlich bemüht, Arbeitsmethoden zu entwickeln, in deren Zentrum das Tierwohl steht. Das wurde meine Aufgabe, als ich 2009 bis 2012 von Vier Pfoten an BOSF „ausgeliehen" wurde. Man kann Vier Pfoten für diese Treue gegenüber den Orang-Utans gar nicht genug Anerkennung aussprechen! Für Vier Pfoten ist das Wohlergehen einzelner Tiere mit Ökologie und gesellschaftspolitischem Wandel unauflösbar verquickt.

Inspirierend ist für mich die Solidarität und Freundschaft meiner Chefs Ioana Dungler und Martin Hojsik sowie meiner Kollegen Martina Närr-Fuchs, Don Wilson, Carole de Fraga, Wim de Kok, Chris Williams, Markus Dirnwöber, Thomas Pietsch und Carmen Petteani.

Wissenschaftliche Gespräche und Unterstützung erhielt ich vor allem von Carel van Schaik und seinem Team, Elfie Kalcher-Sommersguter sowie Anne Russon. Chris Walzer hat uns unschätzbar geholfen, eine Lösung für die Tuberkulose-Problematik zu finden. Ihm und Gerhard Fluch verdanken wir die Telemetrie-Sender zur Orang-Utan-Ortung.

Meinen Freunden, Kollegen und Mitarbeitern in Samboja Lestari, Kehje Sewen und vor allem auch in unserer neu gegründeten Stiftung Jejak Pulang möchte ich danken für ihre Liebe zu den Orang-Utans und ihre stete Bereitschaft, durch Lachen die Spannungen und Widerstände unserer Arbeit ein wenig zu glätten und ertragbar zu machen. Ohne Windi, Citra und Aoliya, aber auch Agnes, Hery, Ishak und Tessa wäre diese Arbeit gänzlich unmöglich. Zahllose gute Orang-Utan-Eltern-Gespräche hatte ich mit Wiwik, deren Gabe, Orang-Utans zu verstehen und ihr Vertrauen zu gewinnen, sich in ihren unvergleichlichen Fotos widerspiegelt. Agus, Agnes, Citra, Siska haben als Tierärzte Tierleid gelindert und beendet. Sie alle sind Front-Leute und wie ich in der Gefahr, angesichts des Leidens, das wir erleben, der Zahlen von Tieren in Not und der Verständnislosigkeit der restlichen Gesellschaft selber Schaden zu nehmen.

Pak Bungaran Saragih, Vorsitzender des Aufsichtsrats der BOS Foundation, hat mich mit seiner ebenso gewieften wie weisen Menschlichkeit und seiner würdevollen Bescheidenheit tief beeindruckt. In aller Offenheit erklärt er, wie er sich vom Saulus – einem Haupt-Verantwortlichen für die Ausbreitung der Palmöl-Industrie – zum Paulus gewandelt hat. Maßgeblich für diesen Wandel war auch die schier grenzenlose Tierliebe seiner Ehefrau Mihoko.

Das Fundament meiner Arbeit stellt meine Familie dar – Astrid, Holger, Lotte, Thomas, Hans, Claudi –, die ich fortwährend auf eine Funktion als sichere Basis reduziere, obwohl so vieles mehr möglich wäre.

Wenn ich gefragt werde, was mich trotz aller Rückschläge und Aussichtslosigkeit bei der Stange hält, dann antworte ich: die Affen.

Ihr lebensfreudiger Pragmatismus und ihre Spitzbübischkeit sind meine Inspiration.

LITERATUR

M.T. Abello & M. Colell, 2006. Analysis of factors that affect maternal behaviour and breeding success in great apes in captivity. Int Zoo Yearbk, 40: 323–340

N. Arora et al., 2012. Parentage-based pedigree reconstruction reveals female matrilineal clusters and male-biased dispersal in nongregarious Asian great apes, the Bornean orangutan (Pongo pygmaeus). Molecular Ecology, 21: 3352–3362

K. Bard, 1996. Responsive Care: Behavioral intervention for nursery reared chimpanzees. The 1996 Chimpan Zoo Conference. MS. University of Portsmouth

B. Beck et al. (eds.), 2001. Great Apes and Humans – the ethics of coexistence 2001. Washington, The Smithsonian Institution Press

D.R. Begun & A.R. Russon (eds.), 2004. Evolutionary origins of great ape intelligence: an integrated view. P. 353-368. In: Anne E. Russon & David R. Begun. The Evolution of Thought. Cambridge, Cambridge University Press

D.R. Begun, 2010. Miocene Hominids and the origins oft he African apes and humans. Ann. Rev. Anthropol., 39, 67–84

N. Bischof, 1985. Das Rätsel Ödipus – die biologischen Wurzeln des Urkonflikts von Intimität und Autonomie. München, Piper

D. Blum, 2002. Love at Goon Park – Harry Harlow and the science of affection. Perseus Publishing

C. Boehm, 1999. Hierarchy in the forest – the evolution of egalitarian behaviour. Cambridge, MA, Harvard University Press

J. Cassidy & P.R. Shaver (eds.), 2008. Handbook of Attachment. Theory, Research, and Clinical Applications (2nd edition). New York, The Guilford Press.

R.A. Delgado & C.P van Schaik 2000. Behavioral Ecology and Conservation of the orangutan (Pongo pygmaeus): A tale of two islands. Evolutionary Anthropology, 201–218

D.D. Dennet: Bedingungen der Personalität. In: Peter Bieri 1981, Analytische Philosophie des Geistes. Hain, Königstein/Ts

P. Fonagy et al., 2002. Affect regulation, mentalisation and the development of the self. London, Karnac

R. Fouts, 1997. Unsere nächsten Verwandten. Limes, München

B. M.F. Galdikas, 1995. Reflections of Eden. Toronto, Little, Brown & Company

B. Goosens et al. 2006. Plos Biology, 4.2: e25.

E. Grundmann, D. Lestel, A.N. Boestani & M-C Bomsel 2002. Learning to survive in the forest: what every orangutan should know. In: The Apes: Challenges for 21st Century. *Brookfield Zoo, May 10–13, 2000, Conference Proceedings*, Chicago Zoological Society, Brookfield, Illinois

M. Haikal 2016. Unheimliche Nähe – Menschenaffen als europäische Sensation. Leipzig, Passage-Verlag

B. Harrison 1964. Kinder des Urwalds. Wiesbaden, Brockhaus

M.E. Harrison & D.E. Chivers, 2006. The Orang-Utans mating system and the unflanged amle: a product of increased food stress during the late Miocene and PLiocene? J. Human Evol. 52: 275–293

T. Harrison, 2010. Apes among the tangled branches of human origins. Science, 327: 532–534

B.S. Hewlett & M.E. Lamb (eds.), 2009. Hunter-Gatherer Childhoods. New Brunswick, Aldine Transactions

M.H. van Ijzendoorn et al., 2008. Enhancement of attachment and cognitive development of young nursery-reared chimpanzees in responsive versus standard care. Developmental Psychobiol. DOI 10.1002/dev.20356

A.V. Jäggi, M.A. van Noordwijk & C.P. van Schaik, 2008. Begging for information: Mother-offspring food-sharing among wild Bornean Orang-Utans. Am J Primatol, 70: 533–541

A.V. Jäggi et al., 2010. Social Learning of diet and foraging skills by wild immature Bornean Orang-Utans: implications for culture. Am J Primatol, 72: 62–71

E. Kalcher, C. Franz, K. Crailsheim & S. Preuschoft, 2008. Differential onset of infantile deprivation produces distinctive long-term effects in adult ex-laboratory chimpanzees. Developmental Psychobiol., 50: 777–788

E. Kalcher-Sommersguter, C. Franz-Schaider, S. Preuschoft & K. Crailsheim, 2013. Long-term evaluation of abnormal behavior in adult ex-laboratory chimpanzees following re-socialisation. Behav. Sci., 3: 99–199

E. Kalcher-Sommersguter, C. Franz-Schaider, K. Crailsheim, S. Preuschoft, 2013. Social competence of adult chimpanzees with severe deprivation history: a relational approach. Int. J. of Comparative Psychol., 26: 136–157

E. Kalcher-Sommersguter et al., 2015. Early maternal loss affects social integration of chimpanzees throughout their lifetime. Nature, Scientific Reports: 16439

C.D. Knott 1998. Changes in caloric intake, energy balance, and ketones in response to fluctuating fruit availability. Int. J. of Primatol. 19.6: 1061–1079

N. Kuze et al., 2008. Reproductive parameters over a 37-year period of free-ranging female Borneo orangutans at Sepilok Orangutan Rehabilitation Centre. Primates, 49: 126–134

E. Mantel 2008. Beziehungsbildung bei einem neu zusammengestellten Paar Orang-Utans im Zoo Osnabrück. Unveröff. Diplomarbeit Universität Osnabrück

E. Meijaard et al., 2010. Declining orangutan encounter rates from Wallace tot he present suggest the species was once more abundant. PLos One 5(8): e12042

E. Meijaard et al. 2011. Quantifying killing of Orang-Utans and human-orangutan conflict in Kalimantan, Indonesia. PLos One 6(11): e27491

M. Mikulinicer, P. Shaver & D. Pereg, 2003. Attachment theory and affect regulation: the dynamics, development and cognitive consequences of attachement-related strategies. Motivation and Emotion, 27(2): 77–103

C.A. Nelson, N.A. Fox & C.H. Zenan 2014. Romania's abandoned children. Cambridge, MA, Harvard University Press

R. O'Hanlon, 1984. Into the heart of Borneo. Penguin Book (Kindle ed.)

D. Pilbeam 1996. Genetic and morphological records of the Hominoidea and Hominid originas: a synthesis. Molecular Phylogenetics and Evolution, 5.1, 155–168

J. Prado-Martinez et al., 2013. Great ape dversity and population history. Nature 12228

H. Rainer, A. White & A. Lanjouw, 2014. State of the Apes – Extractive industries and ape conservation. Cambridge, Cambridge University Press

H. Rainer, A. White & A. Lanjouw, 2015. State of the Apes – Industrial agriculture and ape conservation. Cambridge, Cambridge University Press

M. Reimers, F. Schwarzenberger & S. Preuschoft, 2007. Rehabiliation of research chimpanzees: stress and coping after long-term isolation. Hormones and Behavior (51(3): 428–435

H.D. Rijksen 1982. How to save the mysterious ‚man of the rain forest'. In: the Orangutan: ist biology and conservation. L.E.M. de Boer (ed.). The Hague, Junk Publishers. Pp 317–341

A. Russon, 2000. Orangutans: Wizards of the rainforest. Toronto, Firefly Books

M. Schmidt-Salomon, 2012. Grundrechte für Menschenaffen. Aschaffenburg, Alibri. Michael on, pp 7–13

B.H. Smith, TL Crummet & KL Brandt, 1994. Ages of eruption of primate teeth: a compendium for aging individuals and comparing life histories. Yb Phys Anthropol, 37: 177–231

R.J. Smith & W.L. Jungers 1997. Body mass in comparative primatology. J. of Human Evol. 32: 523–559

T. Soehartono, et al. (eds.), 2009. Orangutan Indonesia – Conservation Strategy and Action Plan 2007–17. Jakarta, Ministry of Forestry

R.A. Spitz, 1945. Hospitalism. Psychoanalyt. Stud. Child 1: 53

M.A. van Noordwijk & C.P. van Schaik 2005. Development of ecological competence in Sumatran Orang-Utans. Am J Phys Anthropol, 127: 79–94

M.A. van Noordwijk, CW Kuzawa & CP van Schaik, 2013. The evolution of the patterning of human lactation: a comparative perspective. Evol Anthropol., 22: 202–212

M.A. van Noordwijk et al., 2013. Multi-year lactation and its consequnces in Borneon Orang-Utans (Pongo pygmaeus wurmbii). Behav. Ecol. Sociobiol., 67: 805–814

C.P. van Schaik, 1999. The Socioecology of fission-fusion sociality in Orang-Utans. Primates, 40 (1): 69–86

Carel van Schaik, 2004: Among Orangutans. Cambridge, MA, Belknap of Harvard University Press

C. P. van Schaik, S. Preuschoft & D. P. Watts 2004. Great ape social systems. In: The Evolution of Thought. A.E. Russon & D.R. Begun (eds). Cambridge University Press. Pp 190–209

J.B. Watson, 1913, Watson published the article „Psychology as the Behaviorist Views It"—sometimes called „The Behaviorist Manifesto".

S.A. Wich et al. (eds.), 2008. Orangutans: Geographic variation in behavioral ecology and conservation. New York, Oxford University Press

http://www.unep.org/publications/search/pub_details_s.asp?ID=3920 (15.2.2017)

Hinweis zu Paris Hilton: http://www.un-grasp.org/hilton-apologizes-for-ape-selfies/ (15.2.2017)

http://intimateape.blogspot.de/2015/10/read-judges-decision-that-orangutan.html (15.2.2017)

http://www.iucnredlist.org/details

http://www.reuters.com/article/us-argentina-orangutan-idUSKBN-0JZ0Q620141221 (15.2.2017)

http://www.dailymail.co.uk/news/article-3671416/Haunting-images-animals-reveal-days-140-year-old-Argentinian-zoo-Argentina-closes-monkeys-bears-white-tigers-released.html#ixzz4Vv1nGmzy (15.2.2017)

http://greatapeproject.de/sandra-cecilia-afada/Freiheit (15.2.2017)

http://www.diesseits.de/perspektiven/nachrichten/internatio-nal/1428012000/prognose-weltbevoelkerung-2050-gibt-es-fast-so-vie (15.2.2017)

https://de.wikipedia.org/wiki/Habeas_Corpus (15.2.2017)

http://www.wienmuseum.at/fileadmin/user_upload/Presse/Angelo_Soliman/Presseinformation_Angelo_Soliman.pdf (15.2.2017)

ABKÜRZUNGEN

AFADA – Association of Professional Lawyers for Animal Rights
BOSF – Borneo Orangutan Survival Foundation
CITES – Convention on International Trade in Endangered Species of Wild Fauna and Flora
CSPO – Certified Sustainable Palm Oil / zertifiziert nachhaltiges Palmöl
EAZA – European Association of Zoos and Aquaria
ENSO - El Niño Südliche Oszillation
GfP – Gesellschaft für Primatologie
GRASP – Great Ape Survival Partnership
HDI – Human Development Index
HuLiWa – Hutan Lindung Wehea / geschützter Wald der Wehea
IUCN – International Union for the Conservation of Nature and Natural Resources
JSG – Jäger-Sammler Gesellschaften
ORP – Orangutan Rehabilitation Program
PRM – Post-Release Monitoring: Beobachten von Orang-Utans nach der Auswilderung
ProNat – Pro Natura: Indonesische NGO für integrierten Natur- und Tierschutz in Ostkalimantan
PT. RHOI – Restorasi Habitat Orangutan Indonesia: von BOSF gegründete gewinnorientierte Gesellschaft, die die Konzession für das Auswilderungsgebiet Kehje Sewen hält
RSPO – Roundtable on Sustainable Palm Oil / Runder Tisch für Nachthaltiges Palmöl
UNDP – United Nations Development Program
UNEP – United Nations Environment Programme
UNESCO – United Nations Educational, Scientific, and Cultural Organization
UNHCR – United Nations High Commissioner for Refugees / Flüchtlingskommissariat der Vereinten Nationen.
WWF – World Wildlife Fund

Bibliografische Information der Deutschen Nationalbibliothek
Die Deutsche Nationalbibliothek verzeichnet diese Publikation in der Deutschen Nationalbibliografie; detaillierte bibliografische Daten sind im Internet über http://dnb.d-nb.de abrufbar.

1. Auflage

Bildnachweis
Matthias Schickhofer: Vor- und Nachsatz, S. 6, S. 16, S. 141 (u.), S.142 (o.), S. 143; Signe Preuschoft: S. 42, S. 70 (u.), S. 68, S. 72-73, S.76, S. 98, S.140 (o.) 142 (u.), Chris Williams: S. 74, ©Signe Preuschoft S. 70 (o.), S. 71; Adzwari Ridzki: S. 67, S. 75 (r.o.), S. 137, S. 138, S. 141 (o.), S. 190, S. 224, © Jejak Pulang; Anne Russon: S. 146; Caroline Schuppli/AIM Zürich: S. 170; Agnes Ferisa: S. 75 (r.u.) © Signe Preuschoft; Wiwik Astutik/BOSF: S. 144; Privat/© Jejak Pulang: S. 139, 140 (u.), S. 144 (u.).

Coverfoto: Adzwari Ridzki, © Jejak Pulang, Umschlag: Privat, © Jejak Pulang

Lektorat: Ulli Steinwender
Satz und grafische Gestaltung: Burghard List
Cover: Modular plus

Gedruckt in der EU

ISBN 978-3-7106-0118-7

Christian Brandstätter Verlag GmbH & Co KG
E-Mail: info@brandstaetterverlag.com
www. brandstaetterverlag.com
Designed in Austria, printed in the EU